시스템생물학 기초

[이 저서는 2021년도 건국대학교 교내연구비 지원에 의한 저서임]

【 목 차 】

제1장. 시작하며 ··· 3

제2장. 시스템생물학이란? ·· 7

제3장. Omics란? ··· 33

제4장. 유전자 정보 활용에 대해 ··· 53

제5장. 단백질 정보 활용에 대해 ··· 83

제6장. 마치며 ·· 131

에듀컨텐츠·휴피아
CH Educoments Huepia

시스템생물학 기초

김 영 준 著
(건국대학교 교수)

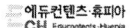

제1장 시작하며

생물학과 화학의 차이: 화학은 물질의 근원이 되는 입자(원자)의 구조인 분자가 있고 그게 물질의 특성과 어떻게 연관이 되나, 현상을 분해하고 분석해서 무언가를 설명하는 방향, 생물학은 동식물에 관한 서술적 학문, 현상을 정확하게 기술하는 방향, 화학에서 생물로 넘어가는 파트가 생화학이다. 화학적인 입장을 가지고 생물적인 현상을, 생명체를 구성하는 4대 분자(단백질, 지방, 탄수화물, 핵산)이 어떤 원리로 이루어져 있는지를 들여다보는 학문이 생화학이라고 할 수 있다.

생물학은 유전학 등(형태학적 단계에서 유전학적 단계로 발전), 분자 레벨로 이해할 수 있게 된 것이 현대의 생물학이다. 생물학을 이루고 있는 분자들의 메커니즘을 공부하는 학문은 분자생물학이다. 분자생물학과 생화학은 overlap 되는 부분이 많다.

왜 같은 분자조건을 가지고 있다는 전제조건에서 같은 약을 처리했는데 부작용에 차이가 있는가? 어째서 편차가 나타나는가? 결론은 시스템이 다르기 때문이다.

아무리 분자 레벨로 들어가서 DNA나 단백질이 같다고 하더라도 그들이 발현된 정도가 다르고 구성된 상황 등이 다르기 때문에, 내부의 구성요소는 같지만, 시스템이 다르기 때문이다. 그 때문에 생물학에 있어서도 분자생물학적인 접근방식만 쓸 것이 아니라 시스템적 이해를 도모할 필요가 있다.

쉽게 얘기해서 약의 부작용이 발생하면서부터 그 원인과 극복 방법을 고려하니 단순히 환원적 입장(reduction)으로만 들여다볼 수는 없다고 판단하여 시스템생물학이 시작되었다는 것이다. 단지 생물학의 한 분야가 아니라 조금 철학이 바뀐 것. 생물학적 접근에 대해 학문의 방법론, 연구 방법론이 바뀐 것이 시스템생물학이다.

그래서 영어로 표현할 때 복수형이 되는 것이다. 한 시스템이 아니라 여러 시스템에 관해서 얘기하고 있기 때문에. 시스템생물학을 이해하는데 시스템을 들여다보는 연구 방법론이 공학 쪽에 존재. 화학공학이나 금속, 조선 등. 왜냐하면, 공장을 세우기 위해서 부품들을 어떻게 조립하고 설계하는지에 대한 시스템 엔지니어링에 관련되어 있기 때문, 이들의 파급효과에 빅데이터 등의 학문적인 향후 동향이 있기 때문이다.

원래 시스템생물학을 깊게 이해하기 위해서는 수학이 필요하다. 시스템을 해석하기 위한 관계식을 알아야 하기 때문이다. 하지만 거기까지 공부하기엔 너무 깊으므로 시스템생물학을 이해하기 위한 아주 필수적인 내용을 알고자 시스템생물학 기초 강의가 개설되었다. 그것의 기반이 되는 대표적인 예시가 오믹스와 생물정보학, 빅데이터 등이 있다.

무엇을 배우냐면 한 마디로 시스템을 구성하고 있는 전체를 체학이라고 하는 오믹스라고 하는 필드에 대한 이해와 그 정보를 핸들링하는 정보학, 그리고 빅데이터 등이 있다. 예를 들어 세포에 존재하는 신호 전달 메커니즘의 일부를 화살표로 표시한 그림이 있다. 이들은 상호작용을 하고 그것이 표시된 그림은 단순하지 않다. 상호작용은 한 방향으로만 하는 것이 아니기 때문이다. 신호 전달이 외부로부터 오는 신호를 받아서 반응하는 것인데 이를 어떤 과정으로 진행하는지 해석하는 데에는 결국 수학이 필요하며 수학적인 내용을 컴퓨터를 통해 정리하게 된다. 이것이 시스템생물학이다.

생물(생명) 정보학은 생명정보통계학과 관련되어 있는데, 아주 중요한 분야라고 할 수 있다. 정보를 핸들링하는 형태의 학문이라 bioinformatics라고도 한다. 요즘의 생물학은 컴퓨터와 별개로 둘 수 없다. 생명 정보학이란 생명 정보를 이용하는 학문이다. 정보학적 관점을 어떤 식으로 핸들링할 것이며 어떻게 이해할 것인가? HGP(Human Genome Project)란 사람 유전자의 sequence를 알고자 하는 것이다.

Computational Biology는 bioinformatics와 밀접한 관련이 있으며 모델링과도 관련이 있다. 시스템생물학과 교집합은 있지만 같지는 않다. 컴퓨터의 도움을 받는 이유는 속도 때문이다. 사람은 컴퓨터의 계산 능력을 따라잡을 순 없지만 예측하는 능력이 존재한다. 그러한 인지 능력이 인간의 고유한 능력이다. 생물학의 정보란 무엇인가? 예를 들면 서열, 발현, 발현의 정도(양적 관계) 등의 수많은 정보를 모아둔 것이 생물학의 정보이다.

시스템생물학이나 생명 정보학을 공부하고자 하는 사람에게 필요한 기술로는 분자생물학에 대한 깊은 이해와 분자생물학 패키지에 대한 이해(프라이머 디자인에 대한 툴 등을 사용할 수 있는 능력), 리눅스나 유닉스 환경, 컴퓨터 언어프로그래밍 등이 있다.

시스템생물학을 어떻게 이해하고 어떻게 이용하는가에 관해서 얘기할 때, 하나의 예로 시스템 미생물학이 있다. 실질적으로 많이 적용되었고 발달하여 있다. 미생물이 가진 대사 회로 등을 모델링하는 등의 일을 한다. 균에 있어서 그들의 특징을 바꾸는 것을 균주 개량 연구라고 한다. 유전체 염기 서열 분석과 전사체를 분석하여 모델링을 하여 균주를 개량하는데 이러한 일을 하는 학문이 시스템 미생물학이다.

컨셉 중 하나로는 대사 공학이 있다. 대사회로의 증폭, 억제, 조절, 신규 도입 등에 의해 균주의 대사 특성을 변화시켜 우리가 원하는 방향으로 만드는 기술을 대사 공학이라고 한다. 다양한 툴을 이용하여 미생물을 만들어내는 것이 대사 공학이며 이를 위해 필요로 하는 것은 대사 회로를 이해하는 것이다. 대사회로란 생물이

제1장. 시작하며

생명을 유지하기 위해 화학적으로 일어나는 모든 일들에 대한 것이다. 반도체 회로와 비슷하다고 볼 수 있다.

시스템 생명공학이란 미생물을 여러 차원에서, 다양한 분석 툴을 이용하여 분석하여 원하는 형질(표현형)로 전환하는 기술을 의미한다.

정보는 DNA에서 RNA, RNA에서 단백질로 흘러가는데 그 사이사이 전사와 번역 등의 과정을 거친다. 이 단계별로 분석을 하는 것을 다차원에서 분석하는 것이라고 한다. 이를 한 가지만 하는 것이 아니라 전체를 하는 것을 오믹스라고 한다.

이러한 오믹스에 해당하는 것으로는 유전체(Genome), 단백체(Proteome), 전사체(Transcriptome), 대사체(Metabolome), 흐름체(Fluxome) 등이 있다. 미생물을 다차원으로 분석한다는 것은 이 모든 분야에서 서열부터 시작해 모든 데이터를 얻어내 분석하는 것을 말한다. 다차원으로 분석하여 최종적으로 활용하게 된다.

시스템 생명공학과 대사공학이 만나는 부분을 시스템 미생물학이라고 할 수 있다. 이는 다양한 분야에서 이용할 수 있다.

가상세포란 가장 단순한 생 세포일지라도 슈퍼컴퓨터가 재현해내기 어려운데 이러한 세포를 컴퓨터 내에 구현화 시키는 것이다. 다양한 세포 모델들이 존재한다.

에듀컨텐츠·휴피아
CH Educontents·Huepia

제2장 시스템생물학이란?

소위 화학적 영역에서는 물질을 그려내는 입자가 있고 그게 원자고 분자고 그것들이 합쳐지는 쪽이라면, 생물학은 일단은 유전자 이야기하고 동물이 어떻고 식물이 어떻고 이야기를 하지 어떻게 보면 생물학은 서술적인 영역인 면이 있다면 화학은 집중적으로 파고드는 면이 있다. 생화학이 만들어진 거는 화학자들이 시작인데, 분자생물학은 생물학을 이루고 있는 분자들의 메커니즘을 분석하는 것. 분자 생물학은 대부분 유전학적인 면모를 띈다. 분자생물학과 생물학책을 보다 보면 거의 비슷해지고 있다.

생물분류학에서도 옛날에는 형태학적인 구조 방법을 썼다면 최근에는 유전자를 통하여 DNA 염기서열을 대조하여 구분하는 레벨까지 상승했다. 어떻게 보면 생물학을 큰 분자의 레벨까지 가져올 수 있었던 것은 유전학 때문이라고도 할 수 있다. 이런 게 바로 현재의 생물학이다.

전통적인 약이라고 생각했을 때 예를 들어서 특정한 사람이 암에 걸렸고 그거를 진단을 해서 어떠한 돌연변이에 의해서 병에 걸렸을 때 그 방법을 치료하기 위한 약물치료를 한다고 했을 때 약물이 타겟팅하는 특정한 단백질이 있을 것이고 그 단백질을 표적으로 하는 약물을 투여한다.

세포를 분자단위로 잘게 찢고 그거를 다시 재조립하면 우리는 세포에 대해서 더 잘 이해할 수 있을 것이다 하는 게 서학 철학의 관점이고 서학 과학의 관점이다. 서양의 접근방식은 쪼개보는 것인데 그렇게 해부학도 나왔고 생물학에서도 그러한 관점으로 접근한다. 그런데 뭐가 있냐면 아까 이야기한 데로 학생 4명이 감기에 걸렸어 그래서 약을 줬어 근데 부작용으로 예를 들어서 혈전증, 백혈병 그러한 병에 걸렸어 분자의 레벨에 의하면 똑같은 원인에 똑같은 결과가 나와야 되는데 사람마다 다른 결과가 나온다는 거지 어떤 사람은 이렇게 했는데 저런 사람들은 저렇다는 거지 편차들이 나온다는 것은 결과적으로 시스템이 다르다는 거지 A와 B의 생체시스템 환경이 다르고 구성요소는 똑같지만 시스템이 각자 다르다는 거야 그래서 이제 시스템적인 변화를 도모해야 된다고 하는 거다.

단순히 조립적 인 입장에서만 들여볼 수 없다는 거다. 그래서 서로 다르다는 것을 어떻게 설명한 것이냐 이러한 것을 알아보는가 위해 시스템생물학이라고 보시면 된다 라는 것입니다. 한국말로는 시스템생물학이지만 systems biology라고 시스템에

시스템생물학 기초

s를 붙이는 이유는 시스템들이기 때문이다. 이걸 왜 배워야 될까 하냐면 여러가지 학문과 연결되어지는 학문적 흐름이기 때문이다. 할려면 여러 가지를 알고 수학에 대해서 학습이 필요하지만, 이 수업에서는 비교적 간단하게 시스템생물학 기초니까 그걸 이해하기 위한 필수적인 내용들을 기반으로 이야기를 할 것이다. 첫 번째가 omics 고 두 번째가 거대한 시스템에 대한 이야기

무엇을 배워야 하냐면 체학 생명정보학 빅데이터 이런 기초적인 것들을 설명하는게 이 수업이다. 전체적인 세포간의 상호작용을 보여주는 그림인데 신호전달에 대한 그림이고 이러한 상호작용을 해석하기 위해서는 수학적인 부분이 필요하다. 그래서 컴퓨터 관련된 툴들을 이용해서 학습하게 될꺼다.

생명정보학이란게 있따 오버랩 되는 부분도 있을 거야 중요해 왜 중요하냐면 위의 그림에 어떤 단백질이 있느냐 발현이 어떻느냐 이런 정보들을 핸들링 하는게 bioinformatics야 즉 그저 세포의 상호작용을 보는게 아니라 어떤 단백질이냐 이게 뭔지에 대한 정리는 생명정보학이 한다는 것이 컴퓨터 시대의 생물학이다.

인간이 가지고 있는 human dna 염기의 개수는 몇 개일까 30억 개가 있어 이거는 예를 들자면 전화번호부 책자로 만들면 6층 정도의 양이 나와 되게 길지 3tb 정도의 양인데 1tb는 1000gb 정도 되는데 이러한 양을 해석할려면 사람의 손보다는 컴퓨터가 필요로 하다.

Computational biology는 bioinformatics와 컴퓨터 게노믹 컴퓨터 바이오모델링 단백질 구조 예측 기구 등을 이용해서 공부한다. 내가 여러분들 나이라면 컴퓨터 공부를 열심히 하라고 할 꺼야 컴퓨터 공부가 제일 중요하다. 시대상이 변해서 급격하게 변화해서 컴퓨터가 매우 중요하게 되였다. 시스템생물학은 기존의 생물학과 어떠한 약간의 교집합은 있지만 완전히 일치하는 부분은 없다고 생각해.

생물학의 정보란?

DNA염기서열 단백질은 대표적으로 알라닌 글라닌 시스테인이 있겠고 발현의 정도 발현이 어디서 되고 그러한 것 그리고 정보라고 하는 것은 우리가 일상생활에서 그러한 생물들이 쌓는 것들도 정보고 우리 학교에서 어떤 나무가 있고 어떤 풀이 있고 카카오티 택시 정보가 사용하는 것은 사람들의 위치정보를 사용하기 위해서 이러한 예시로 현재의 생물학에서도 엄청난 바이오 빅데이터가 쌓이고 있다는 것이다.

제2장. 시스템생물학이란?

생명정보학자에게 필요한 거는 분자생물학을 우선 잘 알아야 돼. 그리고 분자생물학에 대한 응용이 필요하겠고 이제 뭐 그런 단백질 조사나 DNA분석 프로그램은 인터넷에 널렸어. 근데 이제 중요한 게 컴퓨터 언어프로그래밍에 익숙해져야 돼. dos환경이 제일 좋은데 커서가 깜빡깜빡하는 게 dos환경인데 이거랑 비슷한 게 리눅스라는 건데 이거를 좀 연습을 해야 한다.

여기까지 기초적인 이야기는 끝났고 이제부터 중요한 게 시스템 미생물학이라는 이야기를 할께 다른 분야들도 이야기할 수는 있지만 그래도 가장 시스템생물학에 가장 많이 적용되고 많이 발달해 있는 부분이 시스템 미생물학이야 대장균 같은 경우에 DNA가 5천만 개 정도 돼 사람은 30억이고 둘이 백배 정도 차이가 나 그래서 사람같은 경우에는 너무 많아 그래서 보통 미생물을 이용해서 연구를 많이해 이러한 미생물학을 통해서 대장균을 연구하고 합성한다거나 그런 걸 시스템생명공학이라고 불러 아재 시스템생물학과 그 응용으로 균주개량연구를 통해서 보통 와인이나 막걸리 같은 발효주는 20도가 넘는 게 없는데 그 이유가 균이 죽기 때문이야. 이런 거를 연구하는 게 균주 개량연구라고 해 대장균을 사용해서 특정한 아미노산을 만든다든지 그런 식의 연구야 이걸 할 때 어떻게 하냐면 유전체 염기서열 분석을 해서 모델링을 해가지고 뭐를 건드리면 뭐가 바뀔까 하면서 하나씩 건들여서 그 유전체가 발현하는 성질을 구분하는 거야 그러니까 이런 생명공학을 이용한 산업체가 되는 거지.

이러한 컨셉중에 하나가 대사 공학이라고 있어 대사회로의 증폭 억제 조절 신규도입 등에 의해 균주의 대사특성을 우리가 원하는 방향으로 바꾸는 일련의 기술이야. 즉, 대사회로를 이해하기 위한 건데 생물이 생명을 유지하기 위해 일어나는 모든 과정이야. 앞에 보여준 그림 1처럼 회로도가 있는 거지 미생물을 다양한 차원에서 분석함으로써 우리가 원하는 특별한 형질로 만들어 내는 게 시스템 생명공학이라고 말할 수 있다. 그래서 우리가 기본적으로 이해를 해야 하는 게 다차원 분석이라는 말을 썼는데 생명체에 있어서 central dogma는 DNA에서 RNA로 단백질로 변하는데 이러한 공부를 위해 사용되는게 오믹스 분야야 전체적인 하나로 보게 해주는 것. 유전정보의 전체를 의미하는데 genom에서 ics를 붙여 게노믹스 뭐 단백질은 프로테오믹스 이렇게 사용하는거지 전사체 트랜스크립식스 대사체는 메타볼로믹스. 또 흐름체 fluxome인데 이거는 범용적이지는 않아 이렇게 미생물을 다차원에서 분석하는 거야. 여러 가지를 여러 가지로 이렇게 많은 걸 다 실험하지는 못하니까 다차원적인 데이터가 있으니까 시뮬레이션을 통해서 조건을 찾고 나중에 최종적으로 활용을 하는 거야 실험을 통해서 증명을 해야겠지만 실험데이터를 사용해 미리 시뮬레이션을 하자라는 개념인거야.

시스템생물학 기초

이런 걸 어디에다 써먹냐면 미생물의 응용분야로 식량쪽에서 쓸 수 있고 보건의료 특정한 약 에너지 쪽은 에탄올을 많이 만들어내는 옥수수 환경 쪽으로는 환경친화적인 미생물, 바이오 플라스틱 대장균을 이용한 플라스틱을 만든다든지. 아미노산을 만들어내는데도 사용한다든지 바이오 부탄올을 만든다든지 시스템 미생물학은 이러한 방법으로 맞춰 가고 있다.

시스템생물학은 어디로 가고 있냐면 맞춤형 예방의학이라는 측면으로 가고 있어 시스템을 이해한다는 것은 각 개인적 특성에 맞춰 치료방식을 만들 수도 가능하다는 건데 정밀의료가 가능해지고 개인마다 다른 치료법을 사용한다는 의미에서 정밀의료를 사용한다. 예를 들어 광우병에 대한 것을 시스템 정보학에 의해 연구해보니 한 부분이 중요한 역할을 하는 것을 발견을 한거야. 어쨌든 시스템 정보학에 접근을 해서 병을 찾으려했다 여기까지가 아주 기초적인 이야기를 했습니다.

visualizing 툴을 사용하는데 지금은 놔둘 거야 cytoscape, biolayout, osprey, visant 등 중요한 비쥬얼라이징 몰큘럴 인터랙션 네트워크가 있고, 그중에 사용되는 대표적인 경우가 바이러스의 분포인데 누가 슈퍼전파자가 되는지를 찾고 어떻게 차단을 해야지 사용되는 경우인데 이것도 시스템생물학이 사용되는 예시이다. 보통 생물학적인 것에 있어서 3가지의 네트워크가 있는데, 랜덤 네트워크와 스케일 프리 네트워크 hierarchical 네트워크가 있다. 랜덤 네트워크를 분포하면 정규분포같은 느낌이 되고 스케일프리는 큰 hub가 있고 이를 이용한 연결 방식인데 역함수적인 분포를 보여주고 이게 생물학적 시스템에서 꽤 많다. 히로아키킬 네트웤은 조폭 같은 구조인데 계층구조를 이루고 있고 생물학적 시스템에서는 스케일프리의 네트워크를 가장 많이 따라간다고 볼 수 있다. 결국은 우리가 하고 있는 다양한 kinome signaling metabolism cell cycle에서 하나의 숨겨진 규칙을 찾는 것 그게 바로 시스템생물학이다.

그리고 가상세포에 관한 이야기를 잠깐하자면 우리가 게임하는 것처럼 세포의 스토리를 컴퓨터에 집어넣는 거야 이렇게 인간 지능 세포 프로젝트로 여러 가지 세포들을 연구하고 있고 이상엽 박사가 만든 가상세포를 만든 시스템이 있어. 그리고 미니멀 셀이라고 해서 생명을 유지하는데 가장큰 역할을 하는 세포가 뭘까 아주 적은 유전자 숫자를 찾아서 해서 찾아보니 265~350개가 필수 유전자로 추정이 된다 해서 이 외국의 박사가 생명을 만들어 보기도 했어. CO^2를 먹이로 하는 균을 만들어 보겠다하는데 아직까지는 만들어지지 않았고 Ecell요게 방금까지 한 이야기와 비슷한 이야기고 ECell을 이용한 실험으로 시뮬레이션을 돌리는 거고 virtual cell은 기술들이 컴바인되어서 진행하고 있다. 시뮬레이션 스토리는 어떻게 보면 컴퓨터

제2장. 시스템생물학이란?

기술을 활용한 방법을 통해서 진행이 되고 있다는 것이고 의외로 이런 기술들이 현재 알려져 있다고 할 수 있다.

주로 다양한 현재의 시스템생물학에서 컴퓨터에서 gene을 건드리는 rnai가 있고 통합생물학이라는 이야기가 있는데 화학은 의외로 보면 거의 모든 생물의 생명활동이 원자에 의한 설명이 가능해 근데 생물은 그게 안돼. 그래서 통합생물학을 만듦으로써 이러한 것들을 묶고 싶어 해. 근데 이제 애로사항이 조금 있긴 한데 현재 진행되고 있어 21세기 중반쯤에는 아마 합쳐지지 않을까 싶다. 모델링에 대한 이해가 조금 필요하다.

최근에 생물학에서 진행되는 여러 가지 이야기들이 있다. 그중 대표적으로는 정밀의료(Precision medicine)라는 내용까지 이야기가 되고 있는데 그 키워드 중 하나가 바로 시스템생물학이라는 학문적 경향이 현재 나오고 있다. 일단 시작할 때 우리는 전통적인 생물학 분야에 대해 생각해 볼 필요가 있다. 여러분들이 알고 있는 생물과 화학의 차이란 무엇인가? 연구적인 방법론에서 보면 화학은 주로 원자, 분자와 같은 물질의 근원이 되는 것과 현상을 분석해 설명하는 느낌이 있는 분야였고, 생물학은 학문적으로 생각해보면 동물이 어떻고, 식물이 어떻고 이런 이야기를 하는 서술적인 학문 분야로 논리적이기보다는 현상을 정확히 기술하는 쪽에 가까웠다. 최근에 와서는 그 경계가 무너지기 시작했다. 대표적인 이야기가 되는 것이 생화학이라는 필드다. 생화학은 출발이 기본적으로 화학이며 화학적인 입장을 가지고 생물적인 현상, 다시 말해 생명체를 구성하고 있는 4대 분자들(단백질, 지방, 탄수화물, 핵산)이 어떤 원리로 이루어져 있는가를 들여다보는 것이 바로 생화학이다.

일반생물학 책을 펴 봤을 때 유전과 관련된 이야기들을 보면 대부분이 현상을 기술하는 것이었다. 요즘은 그렇지 않지만 생물을 잘하는 사람은 잘 외우는 사람, 화학을 잘 하는 사람은 논리적인 사람으로 보는 경향이 있었다. 하지만 최근에는 그 경계가 모호해져 화학 쪽에서 생화학이라는 필드로 접근하는 사람들이 있었고, 생물학 분야에서 생물의 근본원리를 찾으려고 하고 그것을 알아내려고 했던 사람들이 바로 분자생물학을 연구하는 사람들이었다. 말 그대로 생물학을 이루고 있는 어떤 분자들의 매커니즘을 들여다보는. 분자생물학은 주로 유전학적인 이야기가 많았다. 그 이유는 생물학을 했던 사람들 중 분자에 접근이 쉬웠던 사람들이 바로 유전학자였기 때문이다. 그러나 그 외의 부분들은 아직은 분자 레벨까지 내려가지는 못했다. 그러나 점차 최근에 와서는 생화학 책과 분자생물학 책의 내용이 거의 비슷한 수준까지 발전했다. 그 이유는 화학과 생물학이 만나 분자생물학과 생화학이라는 영역이 만나게 되었기 때문이다. 예를 들면 생식, 면역, 유전학, 환경생태 등 분자의 매커니즘을 설명하는 이야기들이 많아지기 시작했다.

시스템생물학 기초

생물학의 대표적인 필드 중 분류학이라는 분야가 있다. 이 분야가 과거에는 형태학적인 접근방법을 사용했으나 최근에는 유전적인 레벨로 들여다보기 시작했다. 실제로는 많은 부분들이 분자생물학이나 생화학에서 오버랩이 되고 있어, 분자의 레벨로 가기 시작했다고 볼 수 있다. 생물학을 분자의 레벨로 볼 수 있도록 끌고 왔던 분야가 유전학이라 볼 수 있다. 현대의 생물학은 생물을 분자 레벨로 볼 수 있는 단계까지 왔다고 여겨지고 있다. 그런데 약을 개발한다는 입장에서 봤을 때, BRACA A라고 하는 유전자의 돌연변이로 인해 유방암에 걸린 사람이 있다고 하면 이를 어떻게 치료할까? 가장 첫 번째로 많이 하는 방법이 수술이다. 이를 제외하고 유방암을 치료한다고 하면 어떻게 치료할까? 예를 들면 타이레놀의 주성분인 아세트아미노펜은 사이클로옥시게네이즈라고 하는 염증유발 물질의 단백질을 타겟으로 한다. 우리가 질병이 발생했을 때, 그것을 치료하는 방법들 대부분이 특정 단백질을 타겟팅 하는 것이다. 왜 이런 방법을 쓰냐, 질병에 대한 우리의 기본적인 사고방식이 있었는데 질병의 원인이 되는 것이 뭘까 하는 생각을 가지고 세포를 들여다보니 그 중 어떤 단백질이 고장난 것을 발견했다. 그것을 고칠 수 있는 방법이 없을까 고민하다 유전자 치료, 신약개발, 항암제 개발을 진행하는 것이다. 특정부분을 타겟팅하여 그 부분을 고치거나 죽이거나 하는 것이 지금까지의 의약적, 신약개발, 생물학적인 접근방법이었다.

이러한 사고방식 중 가장 지배적인 사고방식은 환원주의적 사고방식이다. 이는 소위 생물이라고 하는 것을 잘게 분해해서 이해하면 그것을 조립해서 되돌리면 우리가 전체를 이해할 수 있다고 생각하는 관점이다. 이것은 서양철학, 과학의 관점이다. 그래서 실제로 서양과학은 대부분 원자로 이루어져 있고, 해부학이 발달한 이유가 여기에 있다. 반면에 동양은 원자를 고려하지 않고 대부분 기 즉, 전체적인 관점에서 보았다.

동일한 전제조건 하에서 동일한 약물을 복용한 사람들 중 왜 부작용이 나타나는 사람과 나타나지 않는 사람이 존재하는 것일까? 분자적 원리에 의한 수준으로 보면 똑같은 원리에 의해 움직여야 하는 것 아닌가? 하는 문제가 발생한다. 대표적으로 항암제를 복용했을 시 부작용이 있거나, 신약개발을 했을 때 대부분의 사람들에게서 효과가 있었으나 효과가 나타나지 않는 사람이 있는 상황이 있다. 이러한 편차들이 왜 발생할까? 결국은 각자의 시스템이 다르다는 것을 말해준다. 다시 말해 각각을 이루는 분자들이 같더라도 그것들의 발현 정도와 구성 상황이 다르므로 개개인의 시스템이 다르다는 것이다. 따라서 우리는 생물학에 있어서도 단순히 분자생물학적인 접근방법을 사용할 것이 아니라 시스템적 이해를 도모할 필요가 있다는 것이 대두되기 시작했다. 시스템생물학은 약의 부작용들이 튀어나오기 시작하면서

제2장. 시스템생물학이란?

언급되기 시작했다고 볼 수 있는 것이다. 결과적으로 우리가 그것을 어떻게 극복할 것인가? 그 원인이 무엇일까 생각해 보니, 단순히 환원적인 입장으로만 들여다볼 수 없다는 것을 처음으로 이해하게 되었다. 따라서 그것을 전체주의적 관점으로 들여다보는 노력이 필요하다. 생물학적인 접근에 있어서 학문의 방법론, 연구방법이 바뀐 것이 시스템생물학이라 보면 된다.

시스템생물학을 왜 배워야 할까? 현재 이런 학문적인 경향이 있기 때문에 이것들의 파급효과가 빅데이터나 정밀의료 등과 같은 분야와 연동되는 학문적 흐름이 나타나고 있기 때문이다. 여기서 무엇을 배워야 하는가? 체학(Omics) 분야에 대한 이해와 그 정보를 다루는 생명정보학, 빅데이터, 정밀의료 등 가장 기초적인 부분을 알아야 한다.

세포 내 신호전달 매커니즘의 일부를 그린 그림이다. 그냥 봐도 단순하지 않고 복잡한 구조를 보이고 있다. 이러한 과정을 해석하는 데는 결국 수학적인 것이 필요하고 그 부분을 컴퓨터를 이용하면서 컴퓨터 생물학이 필요하게 되었다. 이것이 우리가 학습해야 하는 부분 중 하나이다. 이 이야기를 풀어가는 데 있어서 생물정보학 분야가 중요한 부분을 차지한다. 한 생물체가 가지고 있는 정보를 다루는 학문, 즉 생물정보학(Bioinformatics)의 연구방법론을 이해하여야 하고, 그러다 보니 결국 컴퓨터가 필요한 상황이 되었다. 예를 들면 인간의 게놈이 30억 bp로 밝혀졌는데 이 정보를 해석하고 이해하는데 컴퓨터가 아닌 손으로 한다는 것은 불가능하다. 이 분야가 왜 시스템생물학과 연관되는가? 시스템이란 것을 이해하려면 생물의 수많은 정보들을 동시에 해석하는 여러 가지 정보학적인 도구들, 컴퓨터를 활용하는 기술들 같은 것이 필요하기 때문이다.

생명정보학이란 말 그대로 생물의 정보를 이용하는 것이다. 기본적으로 정보학적인 관점이 매우 중요하다. 생물의 정보들을 어떤 식으로 다룰 것인지가 중요하고, 그 방법을 가지고 생물을 이해하는 것을 생명정보학이라고 볼 수 있다. 조금 다른 관점으로 가면 Computational Biology라는 용어로도 설명이 가능하다. 생명정보학은 informatics 하는 사람들이 접근하는 이야기이고, 컴퓨터 생물학은 Biology 하는 사람들이 접근하는 이야기이지만 요즘에는 경계가 많이 허물어져 동일한 이야기로 보는 것이 가능하다.

Computational Biology에는 다양한 부분들이 있다. 그 중 대표적인 분야가 생물정보학이다. 그 외로 모델링 분야, 단백질 구조 예측 등 다양한 분야가 존재한다. 개인적인 생각으로는 시스템생물학과 생물정보학이 서로 겹치는 부분이 존재하나 같은 학문이라고 보지는 않는다.

시스템생물학 기초

컴퓨터의 도움을 받는 이유는 무엇인가? 당연히 속도 때문이다. 엄청난 정보의 양을 빠르게 처리할 수 있는 컴퓨터의 속도를 인간이 따라갈 수 없기 때문이다. 그럼 인간의 영역은 무엇인가? 자신이 컴퓨터보다 빠르게 계산을 못한다는 것을 알고 있는 예측하는, 즉 메타인지라고 표현되는 영역이다.

생물학의 정보라는 것에는 무엇이 있을까? 대표적으로 DNA서열, 단백질의 발현정도(양적관계) 등 이러한 수많은 정보들을 모아 놓은 것들을 생물정보라고 보면 된다. 우리는 인터넷을 돌아다니면서 구글과 같은 플랫폼에 정보를 쌓아주고 있다. 정보라고 하는 것은 생각보다 멀지 않은 곳에 존재하고 생물학적인 정보는 특히 학문적인 것만 생각하지만 실제로는 일상생활에서 쌓는 정보 또한 마찬가지로 생물학적인 정보라고 볼 수 있다. 이렇게 발생한 정보가 엄청난 양으로 쌓이고 있고 이에 따라 발전하는 시대를 빅데이터 시대라고 말한다. 이 부분에서 바이오 빅데이터, 바이오 헬스 빅데이터의 이야기가 발생한다.

우리에게 필요한 기술을 무엇일까? 어떤 것을 해야만 시스템생물학이나 생명정보학, 컴퓨터 생물학을 하는데 도움이 될까? 특히, 학부생들은 분자생물학을 잘 알아야 한다. 이것에 대한 이해 없이는 접근하기 어려운 분야가 될 수 있다. 분자생물학적인 패키지에 대한 이해 또한 필요하고, 리눅스나 유닉스 환경에 익숙해야 한다. 우리가 사용하는 윈도우 환경은 프로그램을 직접적으로 짤 수 없기 때문에 DOS환경이 이것을 수행하기에 매우 적합하나 이와 유사한 리눅스나 유닉스 환경을 자주 사용하므로 이에 대한 공부가 필요하다. 이러한 환경을 사용하기 위해 컴퓨터 프로그래밍 언어에 대한 공부 또한 필요하다.

기초적인 이야기는 끝났고 시스템생물학을 어떻게 이용하고 어떻게 활용하는가에 대해 알아보자. 그중 하나의 예가 바로 시스템 미생물학이 있다. 시스템 미생물학이란 시스템생물학이 실제적으로 가장 많이 적용되어 있고, 가장 많이 발달한 분야가 바로 미생물학이다. E. coli는 유전자의 개수가 5,000만 개 정도 되고, 인간의 게놈은 30억 개 정도 된다, 대략 잡아도 인간의 게놈이 100배 정도 많으므로 연구하기에는 대장균의 유전자가 더 편리하다. 특히 미생물이 가지는 대사회로나 그것을 모델링하는 기술들이 많이 발달되어 있고, 이것을 실제로 생명공학이라는 개념으로 가서 미생물학이라는 것을 통해 대장균을 이용한 합성 이런 쪽으로 가는 것을 시스템 생명공학이라고 명명하고 있다.

대표적으로 미생물학에서 이용되고 있는 예로는 균주 개량 연구가 있다. 와인의 도수가 왜 15~16도를 넘어가지 못할까? 와인에는 효모와 같은 균이 들어가 있어야 하는데 이 균들이 알코올 도수가 20%를 넘어가게 되면 다 사멸하기 때문에 높은

제2장. 시스템생물학이란?

도수를 가지는 와인은 존재하지 않는다. 그래서 내성이 있는 균을 만들기 위해서는 균주가 높은 알콜 도수에서도 살아남을 수 있도록 개량을 해야 하고 이러한 연구를 하는 것을 균주 개량 연구라고 한다. 유전체 염기서열 분석을 통해 그것들이 만들어내는 전사체를 분석해 모델링을 한 후 조작을 하면 어떻게 되는지와 같은 공부를 하는 것이 시스템 미생물학이라고 한다. 개념적으로 보면 결국 미생물을 이용한 화학공장을 만드는 것이다. 이것을 산업생명공학(Biorefinery) 이라고 하고 산업적인 측면에서 더 이상 화학적 개념이 아니라 생명공학을 이용한 산업으로 볼 수 있다.

산업생명공학을 하는데 있어 중요한 컨셉 중 하나는 바로 대사공학이다. 대사공학은 대사회로를 증폭, 억제, 조절, 신규도입 등에 의해 균주의 특성을 우리가 원하는 방향으로 바꾸는 기술이다. 대사공학을 하는데 주로 사용되는 도구들로는 수학, 통계학, 유전공학, 분자생물학이 있고, 이를 통해 특정 기능을 가지는 미생물을 만들어내는 것이 목표이다. 결국 이를 하는데 있어 필요한 것이 대사회로를 이해하는 것이다. 대사회로라는 것은 결국 생명이 있을 때 발생하는 모든 화학적인 과정을 말한다. 이것은 반도체 회로와 비슷하다고 볼 수 있다.

미생물을 여러 가지 차원에서 분석한다. 여러 가지 차원이라는 것은 다양한 분석 도구들을 통해 분석해 우리가 원하는 특정한 형질로 만들어 내는 것이고, 목표에 따라서는 특정한 생산물을 만들 수 있는 형태로 가는 것이다. 생명체에 있어 가장 기본적인 중심원리는 정보는 DNA로부터 RNA, 단백질로 흘러간다는 것이고, 결국 전사, 번역과정을 거치게 되고 이것을 각각 단계별로 다 분석하기 때문에 다차원이라고 한다. 기존에는 하나씩 연구하는 것이었다면, 현재는 전체를 통으로 보는 연구방법을 사용하고 있고 이러한 방법론을 쓰고자 하는 것이 오믹스 분야이고 이것이 바로 DNA, RNA, 단백질을 여러 가지 차원으로 분석하는 것을 통해 도출된 결과를 이용해서 어떠한 해석을 하고 원하는 형질로 전환시켜 활용하는 것을 시스템 생명공학, 또는 시스템 미생물학이라고 볼 수 있다.

그럼 오믹스에 해당되는 분야에는 어떤 것이 있을까? 유전체학, 단백체학, 전사체학 등이 있다. 미생물을 다차원에서 분석한다는 것은 DNA, RNA, 단백질, 대사, 흐름을 각 서열부터 시작해 여러 가지 데이터들을 얻어 동시에 분석한다는 것을 의미한다. 그것을 가지고 하나하나 실험한다는 것은 현실적으로 불가능하므로 컴퓨터를 이용해야 한다. 결국 미생물의 경우도 다 차원적인 데이터가 있으므로 컴퓨터 내에서 가상세포를 이용해 시뮬레이션을 통해 어떠한 조건을 찾고 그것을 가지고 최종적으로 활용한다. 실험 데이터와 컴퓨터를 이용한 결과를 서로 피드백을 통해 형질전환하고 원하는 균주를 찾는 것을 바로 시스템 생명공학, 시스템 미생물학이라 볼 수 있다.

그렇다면 이러한 기술을 어디에 사용할까? 다양한 미생물들을 이용해서 식량적, 환경, 보건의료, 에너지 자원의 분야에서 사용할 수 있다. 대표적으로 바이오 연료, 바이오 플라스틱, 바이오 기술을 이용한 특정 의약품 합성, 환경정화 작용, 발효식품, 아미노산 생성에 사용된다. 아미노산은 다양한 분야에 사용되고 이런 아미노산을 합성하는 기술을 통해 효율이 좋은 대장균을 개량하기도 했다.

현재 시스템생물학은 어디로 가고 있는가? 시스템 메디슨이라고 표현되기도 하고 최근에 와서 많이 나오는 말이 맞춤형 예방의학이라고 하는 측면으로 가고 있다. 왜 이쪽으로 가고 있는가? 시스템을 이해한다는 것이 각 개인의 특성에 맞는 치료방법들을 만들어내는 방향으로 가자는 결론이 나오고 결국 다른 용어로 언급되는 것이 정밀의료이다. 3명의 사람이 존재하고 모두 동일한 암에 걸렸을 때, 개개인에 맞는 치료방법이 달라지기 때문이다. 이것이 왜 중요한 문제가 되는가? 결국 여러가지 정보를 센서기술을 통해 질병을 타겟팅 할 수 있게 만들어지게 되면 그것을 활용한 한 예가 바로 광우병이다. 광우병이 걸리는 원인을 시스템생물학을 통해 접근해보니 한 부분에 특정하게 중요한 유전자가 존재한다는 것을 밝혀냈다. 따라서 이것을 조절하는, 타겟팅을 하는 것이 중요하다는 것을 알아냈다.

지금까지 시스템생물학이란 것이 왜 중요하고, 실질적이 부분 특히 인간에 관련된 부분에서 어떤 식으로 흘러가는지 이야기를 했다. 그중 몇 가지 알아야 하고 기억을 해야 하는 것 중 하나가 이렇게 복잡한 형태의 시스템을 이해한다는 것이 어떻게 보면 네트워크를 이해한다는 것으로 연결된다. 이런 식의 복잡한 시스템을 가시적으로 보여주는 것이 중요하다. 말로만 하는 것 보다는 눈으로 보는 것이 이해하기에 좀 더 쉽기 때문이다. 이러한 데이터를 가시적으로 보여주는 다양한 사이트들이 존재하고 많은 도움이 된다.

네트워크에도 다양한 타입들이 존재한다. 대표적인 경우가 바로 바이러스의 분포 정도이다. 현재 코로나 시대에도 주로 사용되고 있는 방법 중 하나로 역학조사를 할 때 매우 중요한 기능을 하고 여기서 누가 슈퍼 전파자인지, 어떻게 차단해야 효과적으로 차단이 될 수 있는지 알 수 있다. 이 외에도 단백질간 상호작용 네트워크, 인간이 가지고 있는 PKB 단백질의 네트워크 등 다양한 종류가 있다.

보통 생물학적인 네트워크 분석 중 주로 사용되는 3가지 네트워크가 있다. 하나는 랜덤 네트워크, scale-free 네트워크, hierarchical 네트워크이다. 랜덤 네트워크는

제2장. 시스템생물학이란?

전형적으로 버스 도로망을 생각하면 이해하기 쉽다. scale-free 네트워크는 항공망을 생각하면 이해하기 쉽고 이 네트워크가 주로 사용된다. hierarchical 네트워크는 조폭 구조를 생각하면 이해하기 쉽다.

다양한 상황을 이해하는 것들이 결국은 네트워크의 다양성, 실질적으로 숨겨진 질서를 찾는 것이 바로 시스템생물학이란 분야에서 우리가 네트워크를 활용해 해석하고자 하는 분야로 이용되고 있다. 그리고 그것이 바로 시스템생물학이다.

가상세포에 대해 이야기해 보자. 수많은 데이터를 직접 실험할 수 없으니 컴퓨터에 입력해 데이터를 처리하는데 이때 가상세포를 이용하기도 한다. 가상세포는 세포적인 어떤 것을 컴퓨터에 그대로 넣은 것으로 의외로 다양한 영역에서 가능해져 와 있다. 대표적으로 대장균을 감염시키는 T7 박테리오 파지나 최초로 연구된 적혈구 세포가 있다. 이 외에도 가상세포를 이용한 다양한 연구들이 진행되고 있고 많은 세포 모델들이 알려져 있다. 가상세포와 연결된 또 다른 하나는 최소세포가 있다. 하나의 살아있는 세포를 구성하는데 필요한 최소한의 유전자는 얼마인가에 대한 연구를 진행해 논문을 발표하기도 했다. 그 결과 필요한 최소한의 유전자는 265-350개로 추산된다는 결과를 얻었고 논문의 저자 중 한 명인 크레이그 벤터라는 사람이 처음으로 인공 생명체를 만들었다. 가상세포는 산업에 응용될 뿐만 아니라 기능 및 구조분석, 실험결과 이해, 공학적 응용과 산업적 응용 생산 등 다양한 분야에 활용 가능하다.

어떤 바이오 기술들이 연결되어 있는지 보면 오믹스가 관련된 기술들이 대부분이다. 현재 다양한 시스템생물학 기술들 중 대표적으로 말할 수 있는 것은 유전자를 건드리는 RNAi 기술이나 녹 아웃 유전자 편집 기술인 CRIPS기술 등 다양한 기술들이 발달하고 있다. 최근에 와서 통합생물학이라는 말이 있는데 화학은 거의 대부분의 이야기들이 원자에 있는 전자의 구조로부터 설명이 가능하다. 그러나 생물학은 그것이 불가능하다. 아직은 통합생물학을 만드는 것이 불가능하지만 그것을 만들기 위해 노력하고 있다. 또한 모델링과 관련된 기술들, 컴퓨터 언어에 대한 이해, 마이닝 하는 기술들이 현재 개발되어 있고 이해할 필요성이 있다.

- 포스트게놈 시대에 축적된 방대한 데이터(빅데이터)와 기술의 진보로 인해 생명현상에 대한 보다 정밀한 측정이 가능해짐. 이에 따라 시스템 차원에서 재해석하기 위한 노력의 일환이다. → 키워드: Human genome project의 Post시대, 빅데이터 시대, 정밀의료
- 특정 현상(특히 질병과 관련된)에 관여하는 구성 요소를 발견하는 차원에서 더

시스템생물학 기초

나아가 그러한 요소들이 어떻게 상호 작용하여 복잡한 생명현상으로 이어지는지 숨겨진 메커니즘을 수학, 공학, 물리학, 생명과학 등 다학제간 융합연구를 통해 탐구하는 학문 분야 → 상호작용 예시: 바이오 의약학과에 여러 구성원들이 있는데, 누가 있는지 아는 것도 중요하고, 이들의 상호관계가 어떠한지 아는 게 중요하다.

- 고속 고용량의 다차원 데이터 획득과 그 데이터들을 효율적으로 통합 재해석할 수 있는 수학적, 전산학적 기법을 동원하여 세포나 개체(생명체) 혹은 그 일부를 시스템 관점에서 통합적으로 이해하고자 하는 학문분야

- 시스템 이론을 생명과학에 응용하여 생체구성 요소들의 상호관계와 상호작용를 분석 규명함으로써 생명현상에 대한 시스템 차원의 이해를 도모하는 학제간 신기술 융합 분야

시스템과학, 생명과학, 정보과학의 교집합 부분은 시스템생물학이다.

시스템생물학이 가능해진 환경 변화

- 시스템생물학이 역사 속에서 한때 사라졌다가 현대에 이르러 재조명을 받게 된 이유 가운데 하나는 기술의 진보로 인해 시스템이론의 적용이 가능한 수준의 정량적 데이터를 얻을 수 있게 되었기 때문임 → 한 예로 DNA microarray를 통해 동시에 여러 유전자의 발현 정도를 비교분석 가능하게 됨

- 그러나 생물정보학의 수준을 넘어서 시스템생물학 연구를 수행하기 위해서는 동역학 특성을 분석할 수 있는 시계열 데이터의 생성이 필요 한편으론 아직 데이터의 품질 향상, 정보의 불확실성 제거, 샘플링 숫자에 비해 상대적으로 많은 변수 개수의 처리문제 등 해결해야 할 과제들이 남아있음 → 하지만 데이터의 질적 수준이 꾸준히 향상되고 있으며 실험비용 또한 점차 줄어들고 있어서 그 실용적 기대치는 높아지는 추세

시스템생물학의 접근법

- 크게 두 가지로 나뉜다. → Bottom-Up방식(밑에서부터 위로 올라가는, 유전자 및 단백질에서 시작), Top-Down방식(위에서부터 밑으로 내려가는, 질병 상태에서 시작)

제2장. 시스템생물학이란?

유전자 및 단백질에서 출발하는 Bottom-Up 접근방법

- 질병에 대한 단서를 얻고자 정상조직과 질환조직으로부터 얻은 유전체, 단백체 및 대사체 정보를 비교함

- 다양한 유전체 및 단백체 DB에 축적된 정보로부터 질병 관련 단서를 얻음

- 실험 데이터와 다양한 데이터베이스의 데이터가 함께 모아지고 'omics' 정보가 통합되어 특정한 원인이 되는 단백질을 찾음으로써 가설에 근거한 연구가 가능해짐

- 시스템생물학의 Bottom-Up 접근방법을 추구하는 대표적 회사로는 Beyond Genomics가 있음

* Beyond Genomics 구글링 해보기

- Beyond Genomics사는 환자의 임상 시료로부터 펩타이드 및 단백질을 측정하여 단백체 정보를 얻은 후, 생물정보학 툴과 통계적 방법을 이용하여 대사체 및 유전체 정보와 함께 통합함.

- 이 회사는 위의 접근방법을 이용하여 질병 진단을 위한 약물개발과 마커에 대한 특정타겟 선별방법에 관하여 권리를 청구하고 있음

질병 상태에서 출발하는 Top-Down 접근방법

- Top-Down 접근방식은 직관, 지식 그리고 가정에 근거함

- 질병모델에서 가장 먼저 신체 시스템을 확인하고 그다음으로 조직, 세포, 단백질과 유전자 단위로 내려감. Top-Down 접근방법을 추구하는 대표적 회사로는 Entelos가 있음

* Entelos 구글링 해보기

- Entelos사는 질병의 임상적 종점을 이해하는 것을 목표로 인간 질병의 대용량 in silico 모델을 구축하였고(PhysioLabs) 컴퓨터 상에서 실험을 시뮬레이션함

- 구축된 모델들은 실험적 결과를 재현하는지로 검증된 후에야 연구자들은 경로, 유전자 혹은 약물 작용점을 확인하기 위한 시뮬레이션을 시작할 수 있음

- Entelos사는 이미 당뇨, 비만, 지방 세포 및 천식에 대한 PhysioLab을 개발하였고

시스템생물학 기초

류마티스 관절염에 대해서 구축 중임 → (꽤 오래전 이야기라 지금은 가능하도록 개발이 되었다.) 이 모델을 이용하여 실험적 결과를 시뮬레이션하여 예측하고, 유전자나 특정 작용점을 찾아서 질병을 해결하는 방향으로 특허권을 찾는다.

* PhysioLab 기억 잘하기

역사

- 시스템생물학 관련 특허는 최근에서야 출현하기 시작하는 상황

- 해외 특허는 2004년 Target Discovery사에서 출원한 특허를 시작으로 관련 특허들이 속속 등장하고 있으나 국내의 경우, 동일한 조건하에서 검색된 특허가 없음

- 시스템생물학을 응용한 기술은 최근 개발되는 추세로 현재 출원 중이며 아직 공개되지 않은 특허들이 상당수 존재하는 것으로 판단됨

- KAIST 이상엽 교수 연구팀은 시스템생물학 관련 특허 30여건을 출원 중임

- 시스템생물학 관련 논문은 2000년대 들어 본격적으로 발표되는 현황

- 2000년대 초반부터 다양한 '-omics'의 통합적 해석연구인 시스템생물학 관련 연구개발 속도가 빠르게 증가하여 2005년 한 해에 전체 논문수의 30%가 넘는 243편의 논문이 발표됨

- 2000년대 초반부터 활발한 연구개발이 진행되는 시스템생물학 분야는 신생학문 및 기술에 해당한다고 할 수 있음

- 2000년대 이후부터 계속 증가하고 있는 형태이다.

- 시스템생물학 관련 논문들은 Nature, Cell, Science 등 종합 저널 및 유명 저널에 빈번히 게재되고 있음

- IF값이 비교적 높은 저널 PNAS 및 Bioinformatics에 주요하게 게재되고 있으며, 계산생물학 및 생물정보학 관련 저널 또한 시스템생물학을 다루고 있음

- NatureMolecular Systems Biology, BMCSystems Biology와 같은 신생저널이 속속 등장

제2장. 시스템생물학이란?

- 시스템생물학 관련 논문은 주요하게 생화학, 유전학 그리고 분자생물학분야로 발표되고 있음
- 그 뒤로 시스템생물학 연구결과가 의약분야에 활용되는 만큼 의약분야로도 연구되고 있음
- 시스템생물학 분야는 신생학문으로서 두드러지게 많은 논문을 발표한 과학자는 많지 않으나 한국과 이스라엘의 저자가 특히 활발히 발표하였음 한국의 저자는 서울대 의대(서울대 Bio-MAX Institute 겸임)의 조광현(Cho, K.-H.) 교수이며 이스라엘의 저자는 와이즈만 연구소의 Alon, U. 미국과 독일, 일본 등의 과학자들이 활발한 연구를 추진하고 있음

주요 적용 범위

- 시스템생물학과 신약개발 → 인공지능의 사용
- 시스템생물학과 질병진단 → 진단의 바이오마커
- 시스템생물학의 산업적 응용 → 대장균을 사용한 플라스틱 만들기

컴퓨터 생물학

- 생물학적인 문제, 생물학적인 여러 가지 현상이나 여러 가지 것들을 해석하는 데에 있어서 컴퓨터의 도움을 받는 것이다. 응용수학, 응용 통계학 툴들이 사용되어지고, 부가적으로 컴퓨터의 도움을 첨가한다.
- 주로 수학적 모델링 분야, 시뮬레이션에 많이 이용하고 실험적, 이론적으로 연결 짓는다.
- 가상의 컨셉과 연결되는 측면이 있다.
- signalling들이 어떤 식으로 상호작용하고 어떤 식으로 연결을 맺고 있고, 어떤 식의 작업을 하는가에 대한 데이터를 가지고 어떤 조건을 주었을 때 어떤 결과가 나오는지를 예측하는 것이 모델링이다.

Computer Simulation

- 일종의 컴퓨터 모델로서, 컴퓨터의 특정한 시스템을 이용하여 프로그램을 만드는 것을 지칭한다.

- 물리적, 천체물리, 화학, 생물학, 경제학, 심리학, 사회과학, 공학 등에 다양한 시뮬레이션 기술들을 활용하고 있다.

Computational Genomics

- 꽤 오랫동안 연구가 되고 있고 정착된 분야 중 하나

- 유전체 서열정보를 해석하는 데 있어서 컴퓨터의 툴을 사용해 해석하는 형태이다.

- Structural genomics, 단백질의 3차원 구조를 컴퓨터의 도움을 받아 유전체로부터 해석해 내는 것이다.

- Computational biochemistry, 생화학이나 생물물리학 분야에서 컴퓨터를 사용하는 경우, 주로 분자동력학, 열역학을 할 때 컴퓨터 시뮬레이션의 도움을 받아서 Kinetics나 thermodynamics 분야를 해석하는데 Monte Carlo method, Boltzmann sampling methods의 배경이 들어가서 해석을 하고 작업을 하는데 활용되어 진다.

Information

- 정보는 일상 용어에서 전문 용어까지 다양한 뜻으로 사용된다. 이를테면, 언어, 화폐, 법률, 자연환경 속의 빛이나 소리, 신경, 호르몬 등의 생체 신호부터 비롯한 모든 것을 정보라고 할 수 있다.

Bioinformatics

- 생물학적인 문제를 응용수학, 정보학, 통계학, 전산학, 인공지능, 화학, 생화학 등을 이용하여 주로 분자 수준에서 다루는 학문이다. 전산생물학의 연구분야는 시스템즈생물학과 중복되기도 한다. 주 연구분야는 서열정렬, 유전자 검색, 유전자 어셈블, 단백질 구조 정렬, 단백질 구조 예측, 유전자발현의 예측, 단백질간 상호작용,

제2장. 시스템생물학이란?

진화모델 등 다양하다.

- DNA 서열 분석 방법의 발달에 따라 현재 수많은 종의 게놈 서열이 밝혀져 있으며, 이로부터 만들어지는 RNA와 단백질에 대한 서열의 정보 또한 급속히 증가하고 있다. 또한, 특정 조건에서의 유전자들의 발현량, 그들의 산물 및 상호작용들에 대한 정보가 transcriptomics, proteomics, metabolomics와 같은 방법들을 이용하여 대규모로 얻어지고 있다. 이와 같이 데이터의 양이 급격히 증가함에 따라 이를 수작업으로 다룬다는 것은 불가능하게 되었으며, 이로부터 유용한 지식을 얻어내기 위해서는 수학, 통계학, 전산학을 기반으로 하는 방법론들이 필요로 하게 되었다.

- 이처럼 생물체로부터 얻어진 대량의 데이터(빅데이터)로부터 유용한 지식을 얻어내기 위한 전산/통계/수학적인 도구를 통칭하는 용어로써 생물정보학(bioinformatics)이 쓰이고 있으며, 전산생물학(computational biology)이라는 용어 또한 흔히 같은 뜻으로 쓰이고 있다. 이처럼 생물체로부터 얻어진 대량의 데이터로부터 유용한 지식을 얻어내고자 하는 노력 중에서, 시스템 전체에 대한 분석 및 수리적인 모델링(mathematical modeling)을 강조하는 용어인 시스템생물학(systems biology)도 생물정보학과 상당부분 겹치는 용어이다.

- 분자생물학 영역에서 정보학적인 툴과 컴퓨터·과학적 툴들이 응용되어 지는 분야이다.

- 1979년에 처음 만들어졌으며, 생물학적 시스템에 대한 정보학적인 것을 말하고, Paulien Hogeweg에 의해 처음 용어가 만들어졌다.

- 역사적으로는 1980년대에 접어들면서, genomics, genetics 분야의 데이터들이 쌓이게 되면서 해석하는데 도움이 필요한 컴퓨터적 프로그램들이 개입하게 되었다.

- 10년 뒤부터 1990년대 후반까지 molecular biology로부터 발달을 했고 그럼으로써 수학적이고 컴퓨터적인 기술들이 따라 붙으면서 Biological system을 이해하는 방향으로 나아갔다.

- 최종적으로 Bioinformatics 분야에서 따라붙게 되는 것들은 결국 DNA로부터의 mapping이나 단백질 서열 등의 aligning하는 데에 있어서의 모델을 만들어 냈다.

Bioinformatics 분야에서 진행되고 있는 중요한 일들

- Pattern recognition, data mining, machine learning, visualization, sequence alignment, gene finding, genome assembly, drug design, drug discovery, protein structure alignment, protein structure prediction, gene expression, protein-protein interactions, genome-wide association studies and evolution.

- Pattern recognition: 서열이 있다고 쳤을 때 A, B, C 반복이 있는 패턴들이 어떻게 변하는가를 찾아내는 작업이다.

- Data mining: 그 안에 어떠한 Data들이 있을 때 Data를 해석하고 의미를 찾는 작업이다.

- Machie learning: 기계와 learning을 통해서 새로운 알고리즘을 찾아가는 작업이다.

- Visualization: 어떻게 하면 데이터를 가시적으로 볼 수 있게 만드는가에 대한 작업이다.

- Sequence alignment: 단백질 서열 정렬을 보여준다.

- Gene finding: 서열이 있을 때 유전자가 어디에 있는지 찾아내는 것, 대표적으로 RNA gene, Regulatory regions(조절적 영역)이 있다.

- Genome assembly: 여러가지 DNA를 짜집기하여 맞추는 작업을 한다.

- Drug design, Drug discovery: 합리적으로 인공지능을 통해서 Drug를 찾아내는 작업이다. 나중에 인공지능을 활용한 Drug를 개발하는 작업을 해야 한다.

- Protein structure alignment: 리본 형태로 알파-helix, 베타-sheet 구조를 들여다보고 구조를 정렬시킨다. 그래서 형성에 어떠한 차이가 있는지 알아보는 작업을 한다.

- Protein structure prediction: 구조가 없는 단백질을 예측하는 작업이다. α-fold2는 단백질 구조를 예측하는 데에 있어서 완벽에 가까운 형태를 보여주는 프로그램이다.

- Gene expression, protein-protein interaction: 데이터를 해석하고 또는 예측하는 데에 있어서 Bioinformatics가 사용되어 진다.

제2장. 시스템생물학이란?

- Genome-wide association study: 주어진 genome안에 유전적인 변이가 얼마나 일어나고 있고 그런 것들이 특정한 질병들과 어떻게 연결되어 있는지를 찾는 것이다. Micro arrray로 찍어서 여러 개의 유전자를 통해 어느 쪽이 많이 발현되고 어느 쪽이 적게 발현되는가를 판단해 전체적인 genome 레벨에서의 어떤 유전적인 현상들이 연결되는가를 찾는 작업이다.
- Evolution: 모델링, 진화라고 하는 것도 의외로 많은 부분들이 달라진다. 다양한 모델적 연구와 연구방법론이 깔려져 있다. 최근에 와서는 화석의 유전자 분석 같은 것을 통하여 가능해져 그것을 활용해 evolution modeling을 연구하는데 사용되고 있다.

Biological Data

- DNA 시퀀스, Protein 시퀀스 등의 서열정보부터 시작해서 발현정보, 상호관계, 생태학적인 면에서의 인구 수 등이 포함된다.

포스트 게놈시대이고 방대한 데이터, 빅데이터 시대이기도 하고, 정밀한 측정이라고 하는 정밀의료, 지금 얘기가 되고 있는 소위 키워드가 휴먼 게놈 프로젝트의 포스트 시대라는 것, 그리고 빅데이터의 시대라는 것, 그다음 정밀의료라는 것, 이러한 키워드들이 중요한 역할을 하고 있다라고 보시면 될 것 같고요, 결국은 이것들이 종합적으로 시스템 차원에서 재해석하는 것, 그러한 노력이 시스템생물학이 나오게 된 것입니다. 그래서 결국은 기존에 했던 생물학들은 어떤 특정한 현상, 특히 질병과 관련된 특정 원인을 찾아서 연구를 하는 그런 방식을 썼는데, 요즘에는 상호작용이라는 측면에서 연구를 하고 생명현상의 숨겨진 매커니즘을 찾고자 하고 있다.

그것을 연구하기 위해서 수학, 공학, 물리학, 생명과학, 컴퓨터까지 합쳐서 이런 것들이 믹스가 되어 융합적으로 사용되는 학문적 분야가 시스템생물학이라고 보시면 되겠다. 중요한 것은 상호작용인데, 우리 과 바이오의약학과에 어떠한 구성원들이 있는지 아는 것은 중요하다.

김영준교수님이 있고 학생들은 ABC가 있다고 쳤을 때 이들 간의 상호작용이 어떻게 되는지를 연구하는 것이다. 여러분들이 우리 학과에 누가 있는지 아는 것과 누가 누구랑 친한지를 스터디하는 것처럼, 마찬가지로 생물학이라는 분야에서도 이렇게 연구하려는 노력, 이것이 바로 시스템생물학이다. 이것이 현실적으로 가능해지면서 발전한 건데, 그중에 특히 다차원의 데이터를 얻어내는 과정이 빠르게 얻어내는 과정이 고속 고용량으로 가능해졌으며, 그 데이터들을 효율적으로 통합

재해석하는 수학적, 전산학적 기법들이 동원이 되었고 여러 가지 세포나 개체 혹은 일부를 시스템 관점으로 통합적으로 해석을 하고자 하는 분야가 바로 시스템생물학이다.

그래서 시스템이론 중 가장 중요한 것은 상호관계와 상호작용을 분석하고 규명하는 것이 가장 중요한 연구라는 것이다. 다음은 시스템생물학을 벤다이어그램으로 설명한 그림인데, 시스템 과학과 Life Science와 정보과학이 만나서 오버랩 되는 교집합 영역이 Systems Biology라고 할 수 있다. 이런 것들이 가능해진 환경적 변화는 현대에 와서 기술의 진보를 통해 시스템이론을 생성할 만큼의 데이터를 만들어내는 기술들이 발달한 것이다, 대표적으로 예를 들어 DNA microarray 기술이 발달하면서 동시에 여러 가지 유전자의 발현정도를 비교분석이 가능해지니까 그것을 해석하는 Genomics 이후와 연결되는 형태로 가고 있다. 그런데 그렇다고 해서 시스템생물학적인 것이 다 되느냐? 그것은 아니다. 시계열 데이터, Time dependent 데이터들이 필요로 하는데 아직도 거기에 한계가 있다. 데이터의 품질향상, 정보의 불확실성 제거, 샘플링 숫자에 대한 문제점들이 있기 때문에 그런 문제점들을 해결해야 되는 문제점들이 아직 많이 남아있고, 데이터의 질적 수준을 높이는 것이 필요하고 그걸 통해서 실험비용도 줄어들게 되면서 실용적으로 활용되는 것들이 최후에 가능해지지 않겠느냐 라고 보시면 될 것 같습니다.

그래서 여기 몇 가지 시스템생물학과 관련된 웹사이트 홈페이지 데이터베이스들이 있는데 기회가 된다면 반드시 한번 인터넷을 서치를 한번 해보세요. 시스템생물학에 접근하는 방법이 뭐가 있냐면, 크게 Bottom-up 밑에서부터 위로 올라가는 방식, Top-Down 위에서 아래로 내려가는 방식인데, 두 가지 종류가 있다. Bottom-up 특정한 유전자를 찾아서 전체적으로 해석하여 질병으로 가는 방향이고. Top-Down은 질병으로부터 시작을 해서 관련된 원인을 찾아나가는 방식이다. Bottom-up 방식은 질병에 대한 단서를 얻고자 정상조직과 질환조직을 비교하여 얻은 유전체 단백체 및 대사체 정보를 비교한다. 이러한 형태로 비교를 하고 이곳에서 질병관련 단서를 찾아서 Omics정보를 통해 원인이 되는 단백질들을 찾는다던지, 바이오마커 디자인에 관련된 연구를 하는 분야가 Bottom-up이고 이러한 접근법을 사용하는 대표적인 회사는 Beyond Genomics라는 회사가 있다. 이 회사는 환자의 시료로부터 펩타이드 및 단백질을 측정하여 단백체 정보를 얻은 후 생물정보학 툴과 통계적 방법을 이용하여 통합적인 해석을 통해 질병에 대한 약물개발이나, 마커에 대한 특정 타겟을 찾는 권리를 청구하는 회사이다. 다음으로 Top-Down 방식에 있어서는, 보통 모델을 많이 만들어서 접근하는 건데, 질병모델에서 먼저 신체 시스템을 확인하고 다음으로 조직 세포 단백질 유전자 단위로 점차 내려가는 접근방법이고, 이와 관련된 회사는 Entelos가 있다. 이 회사는

제2장. 시스템생물학이란?

PhtsioLabs을 이용하여 당뇨, 비만, 지방세포, 천식, 류마티스 관절염에 대한 모델을 구축중이다. 이 모델을 가지고 시험적 결과를 내기도 하고 시뮬레이션을 통해 예측하고, 또한 유전자나 특정 작용점을 찾아서 질병을 해결하려는 방향으로 특허권을 찾는 노력을 하고 있습니다.

다음으로 몇 가지 역사적인 측면으로 보면, 특허는 최근에서야 많이 나오고 있고요. 해외특허는 2004년 Target Discovery라는 회사에서 처음으로 나왔고 국내에서는 현재 특허가 없지만, 공개되지 않은 특허는 상당수 존재하는 것으로 판단된다. 카이스트의 이상엽 교수는 관련 특허 30여 건을 출원중이다. 이것이 시스템생물학 관련된 특허인데, 2006년에 Houston Advanced Research center에서 Methods and Biomakers for Detecting nanoparticle exposure 다음 2006년도에 System and method for metabolomics directed processing of LC-MS or LC-MS/MS data는 Waters라는 회사, 그 다음 Cognition analysis 라던지 아까 말했던 Target Discovery의 Method and composition utilizing evolutionary computation techniques and differential data set와 같은 해외특허들이 있습니다.

특허를 검색하는 방법이 있어요. 나중에 이것도 특허검색도 여러분들이 한번 해볼 필요가 있습니다. 그리고 논문은 2000년대부터 나오기 시작했고 주로 오믹스 된 데이터를 해석하기 위한 시스템생물학 관련 연구개발로 진행이 되고 있다. 2005년도에는 약 243편의 논문이 나왔고 최근에는 계속적으로 여러 논문이 나오고 있습니다. 여기 그래프를 보시면 2000년대 이후부터 논문들이 증가되고 있는 통계라고 보시면 될 것 같습니다. 주로 여러 논문들이 나오고 있는데 주로 저널들은 Nature, Cell, Science, PNAS, Bioinformatics에 나와 있으며 특히 계산생물학이나 시스템생물학을 다루고 있다. NatureMolecular Systems Biology, BMCSystems Biology같은 신생저널에도 등장하고 있다. 시스템생물학 연구분야가 의약분야로도 연구되어지고 있다. 그중에 우리나라 같은 경우는 서울대 의대의 조광현 교수나 와이즈만의 Alon, U. 등의 인물들이 주로 논문을 내고 있다. 다음으로 시스템 주요 적용 범위는 신약개발, 진병진단, 산업적 응용이 있다. 대표적으로 질병진단은 진단에 대한 바이오마커 신약개발에 있어서의 모델, 산업적 응용에서는 대장균을 이용한 플라스틱 개발에 이용되고 있습니다. 다음으로 실험을 중심으로 하는 업체인데 각자 시스템생물학과 관련된 모델을 만드는 작업을 진행하고 있다. Beyond Genomics, Paradigm Genetics, MatriGenix, PhysioGenix, Linden Bioscience, Ribonomics, SurroMed, Quark Biotech, BioSeek, Odyssey Thera, Xcelsyz라는 회사들이 있다. 컴퓨터 모델관점의 업체들은 Gene Network Science, CuraGen, Lily Systems Biology, GeneGo, Ingenuity, Gene

시스템생물학 기초

Networks, Genomatrix, Cellnomics등이 있으며 컴퓨터 모델을 만든다. 가상 질환 시스템 관점의 업체로는 Entelos, Optimeta, Cyprotex등이 최근에 많이 알려져 있다. 다음으로는 일단 컴퓨터생물학에 관한 이야기인데, 최근에 들어서 인공지능이 가능해지면서 이야기가 장난아니게 커지는 상황이 발생하고 있다.

컴퓨터 사이언스 분야에서 보면 생물학적인 필드에서 컴퓨터의 도움이 파워풀하다. 알파고를 포함해서 알파폴드라는 단백질 구조를 예측하는 프로그램들도 지금 파워풀해진 측면이 있는데, 컴퓨터 생물학에 있어서 컴퓨터의 도움을 이해를 안하고 넘어갈 수는 없어요. 컴퓨터 생물학은 생물학적인 문제들이나 여러 가지 현상을 해석하는데 컴퓨터의 도움, 거기에 응용 수학, 응용 통계학과 같은 수학적 통계적인 툴이 사용되고 거기에 컴퓨터의 도움이 들어가 있는 것이 컴퓨터 생물학의 분야다. 그중에서도 주로 많이 하는 것이 모델링 분야와 시뮬레이션 분야를 진행하고 있고, 실험적이나 이론적인 것과 연결되어 조금 더 나아가 가상세포의 컨셉하고도 연결되어 있는 측면이다.

컴퓨터 생물학은 모델링에 관심이 많이 있다. 특히 Cellular model에 관심이 많고, Human biological한 뇌나 면역체계, 감염병 모델이나 생체학적인 모델의 시뮬레이션 모델을 끌고 들어와서 생물학적으로 진행하는 것이다. 또 하나로 단백질의 구조와 관련된 폴딩, 즉 단백질의 접힘을 통해 만들어지는 단백질에 대한 공부를 하는 분야를 컴퓨터 생물학 중에서도 모델링 분야라고 보시면 될 것 같고 가장 핫한 분야가 폴딩분야이다. 나중에 따로 실습수업을 할 때 경험을 하게 될텐데, 인공지능이 뛰어난 능력을 발휘하면서 다양한 영역들을 해결하고 있다. 그럼 컴퓨터 생물학의 모델이라는 것은 뭘까? 결국은 Signaling에서 이것들이 어떤 역할을 하고 어떤 상호작용을 하고 있는지의 데이터를 가지고 그걸 통해서 우리가 어떠한 조건을 주었을 때 어떤 결과가 나오는지 예측하는게 모델이다. 여러분이 삼국지 게임화 시켜서 시뮬레이션을 한다고 했을 때, 조조와 유비, 장비가 각각 어떤 능력을 가지는지를 파악하는 것과 마찬가지로 컴퓨터 생물학이 세포적 시스템의 시뮬레이션를 한다라는 것은 각각의 구성 요소간의 상호작용이나 역량같은 것을 하나의 변수로써 집어넣어 어떠한 결과가 나오는지 예측하는 것이 바로 컴퓨터 생물학이다. 아까 이야기한 시뮬레이션 이야기에 다시 들어와 보면 컴퓨터 시뮬레이션은 일종의 컴퓨터 모델인데, 컴퓨처 모델은 말그대로 컴퓨터를 이용한 프로그램을 만드는 것이다.

무슨 프로그램이냐? 특정한 Particular system을 그대로 가져다 쓰는 거고, 물리적이든 천체물리든, 화학이든, 생물학이든, 경제학이든 심리학이든 사회과학이든 다양한 시뮬레이션 기술들을 사용하고 있다. 그중에 하나의 분야로 꽤 오랫동안 연구된 분야이고 정착된 분야 중 하나인 컴퓨터 유전체학이라는 분야인데, 주로

제2장. 시스템생물학이란?

이것은 유전체의 서열정보를 해석하는 데에 있어서 컴퓨터의 툴을 사용해서 해석하는 분야이다. 다음으로 또 Structure genomics라는 분야인데, 이것이 단백질 구조를 유전체로부터 해석해 내는, 그것이 최근에 얘기되어 지고 있는 알파폴드2와 연동되어진 것이라고 보시면 될 것 같습니다. 단백질의 3차원적인 구조를 컴퓨터의 도움을 받아서 유전서열로부터 또는 단백질 서열로부터 해석해 내는 것입니다. 다음으로 Computational biochemistry라는 분야는 말 그대로 생화학이나 생물물리학분야에서 컴퓨터를 사용하는 분야들인데, 주로 우리가 분자동력학이라고 하는 Molecular dynamics 라던지 열역학을 연구할 때 컴퓨터의 시뮬레이션 도움을 받아서 Kinetics themodynamics를 해석하는데 Monte Carlo method나 Boltzmann sampling과 같은 이론적인 방법이 background이 들어가서 해석하고 작업하는데 활용되어지는 케이스이다. 그게 바로 Computational biochemistry, Computational biophysics라는 분야이다. 최근에는 또 양자생물학이라는 이야기도 나오고 있다. 생물학적 현상을 Quantum biology, 컴퓨터의 도움을 받아서 양자적인 접근방법들을 쓰고자 하는 노력도 보여 지고 있습니다. 그러나 아직은 물리학에서 양자역학이 있고 화학영역에서 보면 양자 화학이 있고 생물학에서 보면 양자생물학인데, Quantum biology라는 용어도 있지만 아직은 그 분야가 크게 발달하지는 않았다. 어쨌든 컴퓨터의 도움을 받으면서 꽤 많은 부분에 있어서 생물학적인 부분을 양자역학, 양자화학의 툴을 가지고 해석하는 노력들이 최근에 많이 보여지고 있다.

다음으로 두 번째로 이야기되고 있는 것이 생물정보학 또는 생명정보학이 있다. 시스템을 이야기하면서 많은 데이터들을 이야기하게 되고, 그 데이터들을 본질적으로 드러나는 것이 정보 또는 Information인데, 정보와 Information과 조금 관점의 차이는 있지만 비슷한 개념이 될 수 있다. 수많은 것들이 정보죠, 내 개인 신상정보부터 시작해서 여러 가지 것들이 있을 수 있는데, 이런 것들이 빛, 소리, 신경, 호르몬등의 생체신호등이 정보라는 컵셉으로 설명되어질 수 있다는 거고 그것이 생물학쪽으로 가면 Bioinformatics, 말 그대로 Biologycal한 information을 들여다볼 수 있는 학문이다. 생물정보학에 대해 한마디로 이야기하면, 생물학적인 문제를 응용 수학, 정보학, 통계학, 전산학, 인공지능, 화학, 생화학 등을 이용하여 분자수준에서 다루는 학문이다. 전산생물학을 어떻게 보면 하나의 분야가 생물정보학, 어떻게 보면 생명정보학과 전산생물학, Systems Biology을 용어적으로만 보면 굉장히 비슷한 용어를 가지지만, 엄격하게 보면 관점도 다르고 출발도 다릅니다. 생명정보학은 컴퓨터를 했던 사람들이 Biology에 들어오면서 영역적인 측면에서 만들어진 것이라고 볼 수있고, 전산생물학은 생물학을 했던 사람들이 전산학을 가져다쓰면서 생긴 용어이다. 비슷한 현상이 생화학이나 분자생물학이냐, 결국은

시스템생물학 기초

통일이 되는 것처럼 비슷해져가는 것 같아요, Systems biology 같은 경우에는 공학적 관점이 더 많이 들어갔다라고 보시면 됩니다. 생명정보학에서 주로 연구하는 분야는 서열정리, 유전자검색, 유전자 어셈블, 단백질 구조 정렬, 단백질 구조 예측, 유전자 발현의 예측, 단백질 간 상호작용, 진화모델 등 다양하다. Genome 서열이 밝혀지면서 이로부터 만들어지는 RNA와 단백질의 서열 정보들도 많이 알려져 있다.

그러므로 산물, 발현량, 상호작용들에 대한 정보가 오믹스로 쌓이게 되어 거대한 데이터가 생성되어짐에 따라 수학 통계학 전산학을 기반으로 하는 연구가 가능하게 되었다. 생물체로부터 얻어진 빅데이터를 전산 통계 수학적인 도구를 이용하여 풀어가는 것이 생물 정보학이며, 전산생물학이라는 용어 또한 같은 뜻으로 쓰이고 있지만, 이 둘의 차이는 전산생물학쪽에는 좀 더 모델링 분야가 좀 더 많이 들어가 있다. 수리적인 모델링이 강조가 되면 시스템생물학으로 연결이 된다. 정리를 하자면, 생물 정보학과 전산 생물학 그리고 시스템생물학은 겹치는 부분이 많지만 시스템생물학은 수리적인 모델링(Mathematical modeling)이 강화가 된 분야이고, 전산 생물학이 거기에 좀 더 뒤어져 있는거고 생물정보학은 컴퓨터적인 그런 부분이 빠져있는 분야라고 생각하시면 된다. Bioinformatics를 영어적으로 설명하면, 분자생물학 영역에서 정보학적인 툴과 컴퓨터적인 툴이 이용되어지는 분야이다. 생물정보학이라는 용어가 처음 만들어진 건 1979년도에 paulien hogeweg라는 사람에 의해 만들어졌다. 역사적으로 보면 1980년대에 genomics, genetics 분야들에 정보가 쌓이게 되고 이것들을 해석하기 위해서는 도움이 필요하니까 통계적인 도구나 컴퓨터적인 도구가 많이 이용이 되었다. 10년 뒤인 1900년대 후반에는 Molecular biology로부터 발달을 했고 이것이 수학적, 컴퓨터적인 기술들이 따라붙으면서 Biological system들을 이해하는 것으로 나아갔다. 최종적으로 Bioinformatics 분야에서 따라붙게 되는 것은 결국 DNA로부터의 mapping이나 DNA, RNA, Protein 서열을 분석하고 aligning하면서 3D model들을 만들어 내고 있다. 그러면 Biological data에는 무엇이 있을까? 그 중 가장 대표적인 것을 바로 서열정보로 시작해서 발현작용 상호관계, 생태학적인 면에서 인구 숫자(숲속 나무별 숫자, 동물 곤충의 숫자 등) 등을 Biological data라고 볼 수 있다.

Bioinformatics에서 우리가 Major로 하고 있는 것은 뭐가 있느냐, 크게 보면 pattern recognition, data mining, machine learning algorithms, visualization, sequence alignment, gene finding, genome assembly, drug design, drug discovery, protein structure alignment, protein structure prediction, gene expression, protein-protein interactions, genome-wide association studies, evolution modeling 등이 있다. pattern recognition은

제2장. 시스템생물학이란?

ABCABC 서열이 있다고 치면 그 반복이 되는 패턴이 어떻게 되는지를 찾아내는 작업이고, data mining은 말 그대로 그 안에 어떤 데이터가 있을 때 그 데이터에 대한 의미를 해석하고 찾는 것을 말한다. machine learning은 기계와 러닝을 통해 새롭게 찾아나가는 알고리즘을 말하는 거고, visualization은 데이터를 어떻게 가시적으로 만들것이냐를 고려하는 것이다. sequence alignment라는 서열 정리, 여러분이 알고 있는 DNA의 서열 ATGC가 있듯이, 단백질도 A는 알라닌, T는 트레오닌, H는 히스티딘, Y는 타이로신, C는 시스테인, E는 글루탐산, N은 아스파라긴 등 20개의 아미노산에 대해서 약자들이 존재한다. 이처럼 두 가지의 아미노산의 서열 중에서 유사 영역과 비유사 않는 영역을 나타내어 보여주는 것을 sequence alignment라고 한다. gene finding은 서열이 쭉 있으면 유전자가 어디에 있는지를 찾아내는 것이다. 대표적으로 RNA gene이나 regulatory region (조절적 영역)이 어디에 위치하는지를 찾아낸다. genome assembly는 DNA 끝을 맞춰서 짜집기 하는 것으로, 샷건 시퀀싱(Shotgun sequencing)을 예로 들면 긴 DNA를 일일이 다른 모양으로 어긋나게 자른 다음, 서열분석을 하여 짜집기를 하여 맞추는 작업을 하는 것이다. drug design과 drug discovery은 인공지능을 이용하여 약물을 찾아내는 작업이다. protein structure alignment는 단백질의 리본다이어그램(Ribbon Diagram)은 alpha-helix와 beta-sheet 구조를 보여주는데, 이 빨간색과 노란색으로 표현되는 구조에 대해서 연구하고, Conformation이 어떤 차이가 있는지를 알아낸다. 또 빨간색으로 되어있는 부분, unstructured region들이 어떤 차이가 있는지를 알아낸다. protein structure prediction은 단백질 구조를 예측하는 것으로 최근에 나온 알파폴드2 프로그램은 단백질 구조를 예측하는데에 있어서 완벽까지는 아니지만 파워풀한 능력을 가지고 있다. gene expression과 protein-protein interactions를 해석하고 예측하는 경우에 있어서 Bioinformatics가 많이 이용된다. genome-wide association studies(GWAS)는 주어진 게놈안에 유전적인 변이가 얼마나 일어나고 있고 특정한 질병과 얼마나 연결되어 있는지를 찾는 것이다. 마이크로어레이로 찍어서 여러 가지 유전자를 비교하여 어느 쪽이 많이 발현되고 적게 발현되는지를 밝혀내는 것, 전체적인 게놈 레벨에서의 어떠한 유전적인 현상들이 연결되는가를 찾으려고 하는 것이다. evolution modeling은 최근에 와서는 화석 등의 유전자 분석이 가능해짐에 따라 evolution modeling 연구에 많은 도움이 되고 있다.

에듀컨텐츠·휴피아
CH Educontents·Huepia

제3장 Omics란?

- 시스템 & 컴퓨터
- 대량정보를 생산하는 부분이 상당히 중요
- → **대량정보**를 핸들링, 생산하는 방법론적 측면의 기술적 발달 중의 하나가 Omics 분야의 출현

〈Omics, 시스템생물학 그리고 생물정보학〉
- "-omics"에 대한 연구는 종종 "시스템-생물학"과 동일한 부분으로 여겨지는데, 그것을 통해 둘 사이의 관계가 "전산생물학"과 "생물정보학" 사이의 관계와 연결이 된다.
- 하나는 훨씬 더 상세하고 구체화된 다른 부분집합이다.
- "시스템생물학"의 기본 원칙을 가지지만, "-omics"는 훨씬 더 광범위하고 철학적인 관점이다.
- "omics"라는 용어의 현대적 사용은 게놈(hence 유전체학)이라는 용어에서 유래하는데, 이는 1920년 Hans Winkler에 의해 명명되었고, 비록 -ome의 사용이 더 오래 되었지만, "집단성"을 의미하게 되었다.
- 이러한 용어들 중 가장 오래되었고, 다시 유행할 것 같은 것은 아마 biome일 것이다. 그래서, 이 전문 용어의 사용의 폭발적 증가는, 통합으로 향하는 것에 대한 광범위한 관심을 의미하는데, 환원주의보다는 생물학에 대한 접근, 유전체학 및 기능 유전체학의 초기 성공으로부터 이어진다.

〈Pubmed에서 Omics 용어로 검색된 hits 수〉
- 구글이나 pubmed에서 omics 용어를 사용하여 검색, -ome이라는 용어를 사용하여 검색해보면 현재 수많은 데이터들이 쌓여가고 있다.(2000년대 이후로 급격히 증가하여 대중화)

〈Omics란 무엇인가?〉
- 신조어 omics는 <u>유전체학이나 단백질학</u>과 같은 -omics에서 생물학으로 끝나는 연구분야에 비공식적으로 영향을 미친다.
- 관련 접미사 -ome은 각각 <u>genome이나 proteome</u>과 같은 분야의 연구대상에

접근하는데 사용된다.
- 기능 유전체학은 주어진 유기체의 가능한 많은 유전자의 기능을 확인하는 것을 목표로 한다. 그것은 전사체학과 단백질학 같은 다른 omics 기술들과 포화된 돌연변이들을 결합한다.
- http://omics.org/index.php.Main_Page
- http://www.nature.com/omics/index.html
- 구글을 이용해 Omic와 관련된 DB가 무엇이 있는지 실습

⟨Omics의 역사⟩

- 특정한 용어로. 유전체학과 단백질학 같은 다양한 Omics를 연구해 온 사람들은 1990년대 중반 그 용어를 독립적으로 사용했을 가능성이 있다.
- Genome이라는 단어는 1920년 독일 함부르크 Botany 대학의 교수인 Hans Winkler에 의해 만들어졌다. gene와 chromosome라는 단어의 합성어로써
- 유전체학이라는 단어는 1980년대에 나타났고 1990년대에 널리 사용되었다.
- 1990년대 후반부터, 이러한 사람들은 진보적인 생물학자들과 함께 많은 -omics 용어를 만들었다.
- 이것들은 종종 실험실의 작은 그룹들로 제한되고, 새로운 용어들이 거의 농담으로 만들어졌다.
- 일부 omics 개념은 더 유기적이고 큰 규모의 생물학적 영역을 설명하는데 유용했다.
- IT(인터넷)와 생물정보학 간의 강한 끈이 omics 세계의 성장을 위한 길을 만들었다.
- 2000년대 초기, 생물학자들이 새로운 omics를 소개하는 논문, 인터넷 사이트, 제안서를 소개한 인터넷에는 큰 트렌드가 나타났다.

⟨단어⟩

- Bioinformatics(생물정보학)
- Data mining
- Genomics(유전체학)
- Metabolomics(신진대사학)
- Metabonomics
- Microarray
- Pharmacogenomics(약리유전체학)
- Pharmacogenetics(약리유전학)

제3장. Omics란?

- Proteomics(단백질학)
- Single nucleotide polymorphism (SNP) (단일 뉴클레오타이드 다형성)
- Toxicogenomics(독성유전체학)
- Transcriptomics(전사체학)

→ <u>omics 분야와 관련해서 알아두면 좋은 단어들</u>

〈Omics〉
- Genome
- Transcriptome
- Proteome
- Metabolome
- Interactome

→ -ome은 그들을 모아놓은 -체이고, 각각을 연구하는 학문이 Omics가 되는 것이다.
- ome이라는 class, omics라는 Matrix가 있다.
- 정보의 타입은 서열, 구조, 발현되는 것, 경로, 조절되는 것, 네트워크로 나뉜다. 이처럼 이들이 어떻게 연결되어 있고, 상호작용하는지를 알아보는 것이 systems biology적인 것이다.

〈Omics pathway〉
- omic를 단계적으로 보면, <u>DNA, RNA, Protein</u>이 만들어 낸 <u>Cell, Tissue, Organ</u>이 있고, 더 나아가면 <u>Brain, Bio-system, Eco-system</u>이 된다.
- 우리는 단계별 정보들의 흐름을 알고 상호적으로 어떻게 연결되어 있는지 알고자 한다. 또한 이와 같은 것을 시스템생물학이라고 볼 수 있다.
- DNA는 Genome, RNA는 Transcriptome, Protein은 Proteome, Sugar·Nucleotides·Amino acids·Lipids는 Metabolome / 이들이 만들어낸 Pheotype과 Fuction을 해석해야 한다.

Genomics (유전체학)
- 완성된 genome 서열 초안
- 인간, 생쥐, 쥐, Drosophila, Arabidopsis, 그리고 다른 것들
- 유전자 서열정보는 이용할 수 있다.
- 그러나, 이러한 **유전자 목록들을 해석하는 것은 계속되는 도전**으로 남아있다.

- 유전체학은 유기체의 genome에 대한 연구이다. 그 분야는 유기체의 전체 DNA 염기서열을 결정하기 위한 집중적인 노력과 미세한-규모의 유전 mapping 노력을 포함한다.

그 분야는 또한 genome의 위치정보와 대립 유전자 사이의 heterosis, epistasis, pleiotropy와 같은 유전자내 현상에 대한 연구를 포함한다.
단일 유전자의 역할과 기능에 대한 연구는 분자 생물학이나 유전학의 주요 초점이고 현대 의학 및 생물학 연구의 공통 주제이다.

단일 유전자의 연구는 이 유전, 경로, 기능적 정보 분석의 목적이 전체 genome 네트워크에 대한 영향, 위치 및 반응을 명확히 하는 것이 아니라면 유전체학의 정의에 속하지 않는다.

〈Next-Genomics〉
- Genomics의 염기서열 분석을 알고 난 후를 Next-Genomics라고 한다.
- Genome을 염기서열 재분석하는 것
- Methylation 분야를 분석하는 것
- mRNA와의 관계성
- Small RNA 식별
- Transcriptome 염기서열 분석하는 것
- 기능적 요소(ChIP-Seq, DNAse-Seq)

《유전자 대상 연구》
- DNA는 정적인 부분이 있음 (한계점이 있음)
- Genomics와 관련된 분야는 염색체 map 작성, 유전자 비교, 유전자 좌위 분석, 유전 정보의 분석이다.
- ★ 후생유전학(Epigenetics): 태어난 이후의 노력이나 환경적 영향들이 유전적 측면에서 어떤 영향을 미치는지를 연구하는 학문. 최근 이 분야와 관련된 여러 가지 해석이나 노력들이 진행 중에 있다.

Transcriptomics (전사체학)
- 보통은 mRNA를 말하는데, 그 외 다른 RNA들도 포함을 하기도 한다. Transcriptomics는 gene이 유전자로부터 발현되어지고, 주어진 시간 안에 어떻게 발현 및 조절되는가를 탐구한다. 또한, transcription과의 관계성을 이해하려고 한다.
- 가장 대표적인 것이 expression profiling이고, 그것을 기술적으로 이해하는 것이

제3장. Omics란?

★DNA microarray 기술이다.
- Gene expression profiling은 세포 기능의 광범위한 부분을 만들기 위해 한번에 수천 개의 유전자 활동을 측정하는 것이다. 각각의 DNA를 상호적인 연결을 통해서 특정한 세포 내에서의 유전자의 발현이 어떻게 일어나는지 profiling하는 것이, DNA microarray 기술을 통해서 진행이 되고 있다.
- DNA microarray 기술: 분자생물학과 의학에 사용되는 다중기술
- 그것은 각각 probes로 알려진 특정 염기서열의 picomoles을 포함하는 특징이라 불리는 DNA oligonucleotides의 수천개의 미세한 점들의 배열된 시리즈로 구성되어 있다.
- 샘플링 되어있는 cDNA나 cRNA를 혼성화시켜, 최종적으로는 많이 붙어있는 형광이 쎄짐에 따라 녹색 및 빨간색의 차별을 통해 유전적 현상에 대한 해석을 하는데 활용되어지는 기술적 분야가 바로 expression profiling, DNA microarray 기술이다.
- 칩 하나하나가 colors를 overlap 후 screening해서 한 칩당 수만개의 유전자의 정보를 알아내려고 한다.

⟪RNA 연구의 문제점⟫
- RNA 종류가 아직까지 완벽히 파악되지 않았고, 불안정하다.
- mRNA가 protein과의 양적 관계가 어떻게 될 것인지를 알아본다. 일반적으로는 서로 비례하나, 항상 그렇지는 않기 때문에 문제가 생긴다.
- 소량의 mRNA 검출의 어려움(문제점)이 있다.
- Protein의 발현; 활성이 되고, modification을 통해 어떤 위치에서 발현을 하는지에 대한 해석

⟨RNA⟩
mRNA: 전령 RNA(messenger RNA) - 단백질을 구성하는 코드를 지니고 있는 RNA

ncRNA: 비번역 RNA(non-cloding RNA) - 구조, 기능, 촉매기능을 수행하는 전사된 mRNA
- tRNA: 트랜스퍼 RNA(transfer RNA) - mRNA와 아미노산 사이를 연결
- rRNA: 리보솜 RNA(ribosomal RNA) - 단백질 발현에 관계하는 RNA
- snRNA: 소핵 RNA(small nuclear RNA) - 스플리오솜을 구성하는 RNA
- snoRNA: 소인 RNA(small nucleolar RNA) - rRNA의 변형에 관여하는 인 속의 작은 RNA

- miRNA: 마이크로 RNA(micro RNA) - 발현 조절에 관여하는 작은 RNA
- siRNA: 소간섭 RNA(small interference RNA) - RNA 간섭에 관여하는 활성 RNA 분자
- stRNA: 소단위 일시적 RNA(small temporal RNA)
· 다양한 RNA들이 출현을 하고 있고, 그들에 대한 해석을 어떻게 하느냐가 관건이다.

Proteomics (단백체학)
· 단백체학은 특히 단백질의 구조와 기능에 대한 대규모 연구이다.
· 문제점의 복잡성: PTM, Protein간의 상호작용에 따라 기능들이 달라지는 경우가 생긴다.
· 실용적으로는 proteomics 기술들이 Biomarker 쪽 질병에 진단 마커를 요청할 때 많이 사용되어지고 있다.(알츠하이머 질병)

〈Proteomics Flow〉
- 일차적으로 문제가 생기면 그 샘플을 가지고 단백질 전기영동, 이미지 분석, 단백질 절단·정제, 매스로 질량분석(서열결정)해서 해석한 후 target 단백질을 찾는다.
- 이런 과정들이 다양하게 진입이 되어 프로테오믹스가 진행되면서 직접적인 원인대상 물질 탐색이 가능해졌다.(data가 쌓임)

〈Why proteomics?〉
· Alternate Splicing이라고 하는 현상
· 하나의 gene이 다중 proteins로
· Tissue 특이성 / Cell 특이성
· Protein과 DNA 차이점
· 염기서열 분석의 유사성, Homology
· 기능적인 Annotation을 해석하는 것
· Protein 생물정보학을 해석하는 노력
→ preteomics와 연동된다.
· Alternate Splicing이라는 하는 것이 Exon이 RNA가 만들어지는 경우도 있지만 하나를 생략한 protein들이 만들어지는 경우도 있다. Exon-intron
· Transcriptomics ← Transcriptome

⟨How many proteins?⟩
- 대장균 E.coli DNA: 4,200만 개 → Protein: 5,000개 이상 → protein modification까지 고려하면 수만 개 이상
- 인간 human DNA: 30억 개 → 약 8만 개 protein → Alternate splicing: 40-50만 개 → modification: 200만 개 정도
- 구조 2,000-3,000개 정도, 구조를 해석하려는 노력을 하고 있고, 그와 연동되어있다.

Metabolomics (대사체학)
- 대사체학은 "특정 세포 과정이 남기는 독특한 화학적 지문에 대한 체계적 연구"이다.
- 적혈구(erythrocytes)에 있는 metabolite들의 평균 농도 및 양적관계를 보고 profiling하는 것이 metabolomics이다.
- Metabolome, Metabonomics
- Lipidomics (지질에 대한)
- Fluxomics (흐름에 대한)

⟨Omics - Techniques⟩
- Microarray or Chip
- Mass spectrometry(질량 분석)
→ 아직 한계가 있는 것은 사실이나, 기초적 기술이 발달함으로써 학문적 발달이 되고 있다.

⟨Microarray?⟩
- microarray는 조그만 칩 안에 다양한 실험실을 구축하는 기술이다.
- 높은 처리 screening methods를 사용하여 (주로 유리나 실리콘에) 고체 2D로 된 array를 깔아 다량의 생물학적 물질을 측정하는 기술이다.

⟨cDNA⟩
- http://www.maxanim.com/genetics/cDNA/cDNA.htm
- complementary DNA(cDNA)는 mRNA를 꺼내 역전사 효소를 사용해 만들어내는 상보적인 DNA이다.(mRNA로부터 cDNA를 만들어내는 것을 역전사 효소라고 한다.)

〈EST〉
- expressed sequence tag(EST)는 전사된 cDNA 염기서열의 짧은 하위 염기서열이다.
- EST는 복제된 mRNA의 one-shot sequencing에 의해 생성된다. the resulting sequence는 현재 기술에 의해 약 500에서 800으로 제한되는 상대적으로 낮은 퀄리티의 파편이다.

왜냐하면 이 복제품들은 mRNA를 보완하는 DNA로 구성되어 있기 때문이며, ESTs는 발현 유전자의 일부를 나타낸다. 이들은 database에 cDNA/mRNA 염기서열 또는 mRNA의 역보완체로서 존재할 수 있다.

〈Microarray〉
- microarray 기술은 주로 DNA, RNA, cDNA를 이용한 경우가 많이 있다.
- DNA microarray, Protein, Tissue, Cellular, Chemical compound, Antibody, Carbohydrate로 나뉘지지만, 주로 **DNA microarray**가 많이 쓰인다.

〈Microarray Expression Analysis〉
- microarray는 cancer cells과 normal cells이 있다면 RNA를 추출하여 cancer 쪽에는 red color, normal 쪽에는 green color의 fluorescent를 붙여 cDNA를 합성한 뒤, 결합해서 생긴 micro chip과 혼성화를 통해 특정한 유전자가 발현하는 것을 측정하는 기술이다.(Tissue selection과 Preparation Labeling이 필요하다)
- http://www.bio.davidson.edu/Courses/genomics/chip/chip/html

《단백질 연구의 필요성》
- 정성적 정보 → MALDI/ESI MS
- 정량적 정보 → 2-DE (이미지로 밀도의 차이를 구분하는 방법)
- 단백질을 분리·정제한 뒤, Western Blot을 포함한 다양한 Western 면역탐침법, 아미노산조성/서열분석, 펩티드 사다리 서열 결정, 펩티드질량 패턴분석, 펩티드 서열 결정, 동위원수 치환 후 질량분석, 직접질량분석법과 같은 노력들을 하고 있다.

《단백질 분리 및 동정》
- Protein Separation (단백질 분리)
- Identification/Characterization (확인 및 특성을 알고 싶음)

· SDS-PAGE: Sodium Dodecyl Sulfate Polyacrylamide Gel Electrophoresis (단백질을 분리하는 가장 대표적인 실험)

〈Protein Separation〉
· 단백질의 생물리화학적인 특성을 이용한다.
· 잘 녹는 정도(용해성), 침전의 유무
- Ammonium Salt Precipitation
- Differential Detergent Fractionation
+ 주 cell에서 균질화/용해작용하고, 원심분리를 통해 분리한다.

SDS-PAGE
· Sodium lauryl sulfate(SLS), sodium lauril sulfate or sodium dodecyl sulfate(SDS or NaDS)
· 1.4g SDS/1g polypeptides(1g 대비 1.4g SDS polypeptides가 붙는다.)
  (이로 인해 단백질에 negative charge를 붙게 한다.)
· MW에 기초한 분리 - 1D
· Polyacrylamide라는 gel 안에서 Bisacrylamide(가교)로 들어가 Cross linking이 되며, gel size에 따라 분리가 된다.
· 단백질 및 핵산(하나의 뉴클레오타이드를 분리해내고자 할 때)을 분리할 때 많이 쓴다.
· 단백질은 -에서 +로 이동하고, 밑으로 갈수록 분자량은 감소하게 된다.
  (작은 것은 아래, 큰 것은 위로)
· membrane protein처럼 hydrophobic한 것들을 분리해내기 위해서는 stronger Detergent, Urea를 사용하기도 한다.
· 환원시키기 위해 쓰이는 경우도 존재
· Nucleic Acid Effect
  (단백질을 분리할 때 핵산((-)charge가 많이 있음)이 많이 들어오면, 그 과정을 간섭하게 되므로 핵산을 제거할 필요가 있다.)
· 6-15% Gel: 5000Da → 150만 Da
  4-25% Gradient Gel이 있음
· 단백질을 denaturing(풀어 제낌)/non-denaturing(그냥)하는 경우
  DTT/BME- reducing(환원시킴)/non-reducing(비환원시킴)
  최근, TCEP(tris(2-carboxyethyl)phosphine)(phosphine 화합물)을 활용(물질의 간섭이 덜 함)

Protein Detection
- 단백질을 확인하는 방법에는 단백질 염색이 있다.
- 그 중 대표적인 방법이 Coomassie Blue Staining이다.
- 본래 Coomassie 염료는 wool 염료로써 개발되었고 1896년 가나에서 영국의 Coommassie의 차지를 기념하기 위해 이름이 붙여졌다.

  Coomassie 시리즈의 첫 번째는 <u>Coomassie Blue R-250</u>이었고 나중에 Coomassie Violet R-150이 뒤따랐다.

  PAGE gels을 염색하기 위해 실험실에서 가장 일반적으로 사용되는 염료는 Coomassie Blue R-250과 G-250이다.

  비록 G-250이 더 민감하나, R-250이 더 나은 해상도를 보이고 대신 자주 사용된다.
- Coomassie 염료는 아르지닌, aromatic amino acids, histidine으로 인해 색을 띠는 형태다.
- ~100ng: 좋은 해상도를 보인다. (banding이 보이기 위한 필요량)

  ~10ng: 최소 필요량
- Amido Black 10B Staining

  Silver Staining → 0.6-1.2ng (탐지할 수 있는 양, 가장 sensitive 함, band가 많음)

  구리/아연 염색: 10-20ng, MALDI-TOF에 응용해서 사용하는 경우가 있다.
- SYPRO orange/SYPRO red: 2-10ng

  SYPRO ruby: 0.25-1ng

《《단백질 전기 영동 영향 인자》》
- Disulfide Bond(이황화결합) (결합하면서 큰 덩어리로 보여짐)
- → 구조적 차이를 위해 환원제들을 집어넣는다. (DTT/BME 등 → TCEP 처리)

  2-DE(이차원적인 전기 영동)
- MW(분자량), pI(등전점을 이용하여 하나의 축으로 분류)

  IPG: 고정된 pH 기울기
- 수천-수만 개 단백질 동시에 동정하는 것이 가능해졌다.
- Data interpretation(해석)/weak points
- 약칭으로 2-DE나 2-D electrophoresis라고 쓰이는 Two-dimensional gel electrophoresis(2차원 전기 영동)은 단백질 분석에 일반적으로 사용되는 gel 전기 영동의 한 형태이다.

  단백질 혼합물은 2D gels에서 2차원의 두 가지 특성(MW, pI)에 의해 분리된다.

제3장. Omics란?

- 단백질이 2-DE 기술을 사용하여 분리되는 2차원은 등전점(isoelectric point), 고유 상태의 단백질 복합체, 단백질량이 될 수 있다.

⟨pI⟩

- 글라이신에서 charge를 띠고 있는 원리를 이해하기 위해서는 산/염기에서 산에 대한 특징을 알 필요가 있다.
- Henderson-Hasselbalch Equation(헨더슨-하셀바흐 식)

$$HA \rightleftharpoons H^+ + A^- \quad \frac{[BH^+]}{[B]}$$

pH가 pK값을 중심으로 봤을 때,
더 작은 수치이면 H가 더 많다.
더 큰 수치이면 H가 더 적다.
→ 하나의 protein이 pH의 변화에 따라서 (+)→(-)로 이동하는 상황이 발생하게 되고, 0이 되는 지점을 지나가게 되는데, 여기가 등전점이다.

- 산성 아미노산: 3개 (아스파르트산, 글루탐산)
  염기 아미노산: 4개 (라이신, 아르지닌. 히스티딘, 세린(?))
- C-말단: COO-
  N-말단: NH3+
- H-H식에서 pH=pKa 의미는
- Tyrosine의 경우: N, C, OH의 pK값의 변화가 생김
  Lysine의 경우: 마찬가지로 전체 합의 결과 → protein의 전하 값
- 단 하나의 amine(아민)과 하나의 카복실기를 가진 amino acid에 대하여, pI는 이 분자의 pKa로부터 계산될 수 있다.(pK1과 pK2의 평균값)
- 예) pI=(9.06+10.54)/2=9.80
- http://www.expasy.org/tools/pi_tool.html → 순전하량 값을 계산할 수 있다.
- Cytochrome P450 pI ?

pH가 낮은 영역에서는 대체로 (+)로 있다가,
pH가 특정 지점에 오면 (-)가 되는 것이다.
(내려가면서 0이 되는 지점을 지남 → pI(등전점, 전기적으로 움직이지 않음))

⟨Separation by pI⟩: pI에 따라 단백질을 분리하는 방법

- **Ampholytes(엠폴라이트)**는 산성 및 염기성 그룹을 모두 포함하는 분자(양쪽성 분자)이며, 대부분 특정 범위의 pH에서 zwitterions로서 존재할 것이다.
  평균 전자가 0인 pH는 분자의 등전점으로 알려져 있다.

· IEF - isoelectric focusing
→ 낮은 pH에서는 (-)전하를 띠다가, pH가 내려가면서 0이 되는 지점(등전점) 전에서 버리는 것
- 관에다 First dimensional isoelectirc focusing을 한 뒤, 90도로 돌리고 Second dimenstional SDS-PAGE에 흘리면 된다.

⟨IPGs⟩
· 각각 다를 수 있어 재현성이 좀 떨어진다. → 보완: 고정된 pH 기울기
· IPGs Strip 형태로 팔고 있다.

⟪2-DE 장점⟫
1. 변형 단백질 분리 용이
2. IPG - 재현성 좋음
3. High Sensitivity/Resolution(높은 감도/해상도)
4. Automation(자동화)
5. Imaging analysis와 연계 분석 가능

⟪2-DE 단점⟫
1. Very hydrophobic(소수성) protein 분리 어려움 // detergent를 사용하는 기술로 극복 중
2. Strong acidic or basic protein 분리 어려움
3. Low abundant protein(적은 양의 단백질) 분석 어려움 // staining 기술로 극복 중
4. Interference by high amount protein(높은 단백질량의 간섭)
5. Many experiment and time(많은 실험과 시간)
+ 소 혈청에서 가장 많은 protein이 albumine(알부민)이다.
알부민이 큰 양을 차지하게 되면, 높은 단백질량의 간섭이 일어난다.

⟪단백질의 분자량 측정⟫
· 전통적으로는 전기영동, 크로마토그래피, 초원심분리를 사용했다.
· pI, MW, peptide finger printing, amino acid composition, sequence analysis
→ 최근에는 Mass Spectrometry(단백질 확인하는 작업) 사용

제3장. Omics란?

Mass Spectrometry (질량 분석법) // Mass Spectrometer (질량 분석기)
· Mass Spectrometry(질량 분석법)은 샘플이나 분자의 원소 조성을 결정하기 위한 분석 기법이다. 그것은 또한 펩타이드와 다른 화학 화합물과 같은 분자의 화학 구조를 설명하는데 사용된다. MS의 원리는 전하가 발생한 분자 또는 분자 파편을 생성하고 질량 대 전하 비율을 측정하기 위해 이온화 화학 화합물로 구성된다.

〈Mass Spectrometry〉
- 분자는 이온화가 되어야만 Mass 분석으로 할 수 있다.
· EI(전자 이온화 방법)
· CI(화학 이온화 방법)
· FD(자체에서 전기를 쏴 이온화시키는 방법) // 빛을 쏘는 방법도 존재
→ S·M(저분자화합물에 주로 사용)

《단백질의 분자량 측정》: 이온화시키는 방법(ionization)
· ESI
· MALDI

〈질량분석 대상에 따른 분류〉
시료 준비 → 이온화방법 → 분석방법 → 검출기 → 데이터 수집
직접 이용   단백체연구   비행시간차   전자증폭관   EXPASY
전처리과정   MALDI(TOF) 혼성검출관   Mascot
(HPLC, GC) ESI   사극자분석기 ProteinProspector
-----------   (Quadrupole) PeptideSearch
일반분자   이온 포획
            IonSpray(Ion Trap)
FAB   자장 섹터
            LSIMS(Mag. Sector)
EI/CI   FTMS
            Orbit/trap

《단백질 질량 분석》
· 고려할 사항
1) 민감도, 10^{-15} 몰(더 작은 몰)

2) 분해능, 0.01 원자 질량 단위, 동위 원소
3) 정확도(높아야 함)
Nominal mass
Monoisotopic mass(동위원소 질량값)
Chemical mass
Absolute mass(절대적 질량값)
발달이 되고 있음
+ 원소의 순질량과 동위원소 질량값
12C : 13C = 99 : 1
1H : 2H = 99.99 : 0.01
32S : 34S = 95 : 4
79Br : 81Br = 50 : 49 = 약 1 : 1

《《질량분석기》》

- <u>MALDI, ESI</u>: 시료의 <u>이온화</u> 방법
- <u>TOF, Tandem</u>: <u>분석기</u>
- 이온화실: source
- 분석기: analyzer
- 검출기: detector
- 이온화: **양이온화**, 음이온화

〈Electrospray ionization(ESI)〉

- Electrospray ionization(ESI)는 이온을 생성하는 질량분석에 이용되는 기술이다. 그것은 특히 고분자로부터 이온을 생산하는데 유용하다. 왜냐하면 이온화되었을 때 이 분자들의 파편화 경향을 극복하기 때문이다.
- Ionization mechanism:
    nebuliazation을 통해 spray 방식으로 퍼지며 전기가 걸리고 이온화되는 방식
- 일반적으로 gas가 spray 방식으로 퍼지면서 시료가 나오는데, 테일러 콘 맨 끝에 (+) 전기가 살짝 걸린다. 또한, 스키머까지 공간(0.3~3cm)이 남게 된다.(진공은 없지만 압력이 조금 있는 상태)

그 사이의 이온 방울들이 spray 되어 퍼지는데, 전기에 의한 쿨롱 반발력이 계속 작동하면서 이온화된다. 그중 일부만이 스키머와 분석기를 통과하여 검출을 하게 된다.(진공이 걸림)
전압: 일반분무 3~6kV

제3장. Omics란?

나노분무 0.5~2kV
- ESI 실험을 하면, charge 하나를 가지는 경우보다 multiple charge를 가지고 있는 경우가 의외로 많다.

⟨Nano spray⟩
- 일반분무(ESI), 5~1000ml/min, 3~6kV
- 마이크로분무(MicroESI), 0.5~5ml/min, 1~3.5kV
- 나노분무(NanoESI), 25~100nl/min, 0.5~2kV
- 피코분무(PicoESI), 0.1~20nl/min, 0.1~0.5kV

+ 분무 spray 맨 끝 부분이 오염이 잘 된다. 요즘은 많이 나아졌다.

⟨Quadrupole⟩: 네 개의 자석, 사극자 이온 분석기((+) 2개, (-) 2개)
- 전자분무화된 이온들을 구별해내는데 첫 번째로 사용하는 기술이다.
- 사극자 이온 분석기(Quadrupole Ion Analyzer) 안에 (+) 이온 물질들이 들어오게 되면 힘을 받게 되는데, 그 힘을 받는 정도를 이용해서 이온을 선택·검출할 수 있다.
- 최근에는 Triple Quardrupole(삼중 사극자)(탄뎀 MASS) 기술도 존재한다. (사극자 자석을 3개 설치) → 스캔 모드 / 장점: **단편화 모드**

전체적인 Mass 자체를 보는 것도 있지만, Mass의 분석과정에서는 깨져서 나온 파편을 더 면밀하게 관찰할 수 있다.

⟨MALDI⟩
- Matrix-assisted laser desorption(탈착)/ionization(이온화) (MALDI)는 질량분석에 이용되는 soft 이온화 기술로, 보다 전통적인 이온화 방법에 의해 이온화되었을 때 부서지기 쉽고 파편화 경향이 있는 생체분자와 큰 유기 분자의 분석을 가능하게 한다.

그것은 상대적으로 부드럽고 생성된 이온 둘 다에서 전기분무 이온화와 가장 유사하다.
- 이온화는 laser beam에 의해 촉발된다.(일반적으로 nitrogen laser)

Matrix는 직접 laser beam에 의해 파괴되는 생체분자를 보호하고 기화 및 이온화를 촉진하기 위해 사용된다.
- Matrix와 시료를 섞어서 깔아놓고, 펄스 레이저 N2 337nm를 30도의 각으로 쏜다. 그렇게 되면 튀어 오르는 이온들이 생긴다.

Matrix
- 2,5 히드록시 벤조산

- 3,5-디메톡시-4-히드시내믹산 (일본 다나카 박사, 2004년에 발견)
- 결정화되면서, 시료와 빛 흡수를 통해, 화합물을 이온화시키는 것을 assist 하는 역할을 함
- 벤조산, 시나핀산, 피콜린산, 아크릴산, 니코틴산, 디트라놀 등

⟨Atmospheric pressure matrix-assisted laser desorption/ionization⟩: MALDI
- atmospheric pressure(AP)(대기압 상태)에서 실험하는 경우가 있다.
- 이들은 다양한 applications를 가지고 있다.

(DNA/RNA/PNA, lipids, oligosaccharides, phosphopeptides, bacteria, small molecules and synthetic polymers)
- Sample target을 두는 MALDI mass spectrometer.

⟨TOF⟩
- Time-of-flight mass spectrometry(TOFMS)는 이온이 알려진 강도의 전기장에 의해 가속화되는 질량분석법이다.
- 긴 통을 두고 이온이 날아가게 만들고, 그 시간을 재는 방식이다.
- 선형 TOF(한 방향)

반사형 TOF(갔다가 돌아오는 방향)
최근에는, TOF를 세 개를 다는 방식으로 분석하고 있다.

⟨Tandem TOF/TOF⟩
- TOF/TOF는 TOF 두 개를 달아, 날아가는 시간을 재는 질량분석기가 연속적으로 사용되는 tandem 질량분석법이다.
- Orthogonal acceleration time-of-flight
+ 이온화법의 종류와 분자량 측정 범위
- 저분자 → 저분자체 동정 / 단편화 존재(EI, CI, FD, FAB)
  고분자 → 펩티드 지문확인·단백체 / 단편화 없음(ESI, MALDI)
- 분해능?

분해능(R)=질량(M)/질량 차이($\triangle$M)
M=M1~M2(250)
$\triangle$M=M2-M1=1
R=250/1=250

제3장. Omics란?

《이온화 방법과 분석기 특성》

· 질량 분석 - 예: 미오글로빈
화학식에 따른 질량: 17041.9141
동위 원소 질량 분포: 17045-17060
최고점: 17052
· 오차?
질량 측정 오차: 분자량의 0.01%
MALDI-TOF: 0.1%
ESI-FTICR: 0.001%(소수점 5번째까지 측정 가능)
→ 현대적으로 개선이 많이 되어, 어느 방법이 적합하다라고 말하기 힘들다.
- 미오글로빈 화학식 질량: 17041.9141
$C_{769} H_{1215} N_{209} O_{221} S_4$
- 단백질체학에서는
2-DE
→ Fingerprinting(조각을 내어 모은 뒤)
(겔 절단 → 세척 → 단백질분해효소 첨가 → 용매 추출·분리 → 질량분석/이론적 계산 → 펩티드 질량 DB → 펩티드/단백질 동정)
→ Identification(전체를 알아가는 방식)
- Genome-based peptide fingerprint scanning
Illustration of the matching process
Mass Match를 통해 알아가는 방식

〈FT-ICR〉

· Fourier transform ion cyclotron resonance mass spectrometry (공명구조에서 mass를 분석), 또한 Fourier transform mass spectrometry로 알려진 것은 고정된 자기장에서 이온의 cyclotron frequency에 기반하여 mass-to-charge ratio(질량 대 전하 비율)을 결정하기 위한 질량 분석기(질량 분광계)의 한 종류이다.
· FT-ICR은 Alan G. Marshall과 Melvin B. Comisarow에 의해 발명되었다.
→ 현재까지 가장 고분해능 장비, 소수점 7번째 자리까지 가능

〈Protein Chip〉: 단백질 칩이란?

· Protein chip - protein microarray
· protein binding시켜 확인하는 방식,

가장 잘 알려진 것은 antibody microarray(항체를 찾는 기술)이다.
- 수십~수백 개의 단백질을 작은 chip상에 고정해 동시다발적으로 단백질의 결합을 분석하는 자동화 기기 시스템
- 응용: 질병의 진단, 단백질의 발현 및 기능연구, 단백질 상호작용 연구, 신약개발
- Zyomyx사: 1cm^2의 면적에 10,000개의 단백질을 고정화 시킬 수 있는 단백질칩 개발

(단백질을 하나하나씩 깔아놓는 일이 쉽지 않음)

〈Metabolomics〉

· for metabolite analysis: 대사물 분석
1. 생물학적 조직으로부터 대사물의 효율적인 추출
2. 주로 chromatography에 의한 분석물질의 분리
전기영동, 특히 capillary(모세관) 전기영동 또한 사용된다.
3. 크로마토그래피 또는 다른 방법에 의한, 분리에 따른 분석물질의 검출
4. 분석물질의 identification(식별) 및 quantification(수량화) → MS/NMR

· 분리 방법(Separation methods)
1. Gas chromatography, 특히 GC-MS
2. High performance liquid chromatography (HPLC)
3. Capillary electrophoresis (CE)

· 검출 방법(Detection methods)
1. Mass spectrometry (MS)
2. Nuclear magnetic resonance (NMR)

· Key applications
1. Toxicity assessment/toxicology
2. Functional genomics
3. Nutrigenomics

〈Lipidomics〉

· Lipidomics(지질학)은 생물학적 시스템에서 세포 지질들의 경로와 네트워크에 대한 대규모 연구로 정의될 수 있다.
· mass spectrometry, nuclear magnetic resonance(NMR)

〈〈〈Omics - System Biology〉〉〉

· 시스템생물학 자체가 구현되고 활용되기 위해서는 대량 정보가 필요하다.(신뢰성

제3장. Omics란?

  있게 생산) → 대량 정보를 얻어내는 과정: Omics technology
- 'Omics가 어떻게 진행되고 있는가?'에 대한 이해가 필요하다.
- 대량 정보를 어떻게 효율적으로 만들어낼 수 있을지 기술적으로 노력 중이다.
  '이들이 어떻게 연결되어 system biology로 가는 중인가?'를 알아야 한다.

에듀컨텐츠·휴피아
CH Educontents·Huepia

제4장 유전자 정보 활용에 대해

〈Bioformatics - Evolution〉
· Bioformatics가 중요한 이유는 본질적으로 진화의 역사에서 찾아볼 수 있다.
- 운석들은 46억에서 38억 년 전 행성을 폭격했고, 지구를 사람이 살 수 없게 만들었다.
- 생명의 첫 번째 증거: 36억 년에서 34억 년 전에 살았던 남조류의 화석들
- 살 수 없는 지구에서 생명이 생긴 지구로 변화
- DNA → RNA → Protein(서열에 대한 이해가 중요)

《유전 정보》
- 종과 종 간의 생명적 정보의 기본적 전달
· Genetic Materials(유전 물질): DNA?
· **Gene**은 살아있는 유기체의 유전의 기본 단위이다.
  살아있는 물질들은 gene을 따르고, gene에는 정보가 있다.
  Gene은 그들의 세포를 만들고 유지하며 자손에게 유전적 특성을 전달하기 위해 정보를 지닌다.
→ 현재로써, DNA에 대한 이해를 할 필요가 있다.

〈DNA〉
· Nucleotides(뉴클레오타이드)
· Phosphate Group(인산기), Ribose Sugar(당), Base(염기)
· A, T, G, C, (U)
· Phosphodiester bond
· Polynucleotide
· Chromosome(염색체)
· Base Pairing(A-T, G-C)

〈The Central Dogma〉: 중심 원리
- DNA → Genome
(전사)

시스템생물학 기초

RNA → Transcriptome
(번역)
Protein → proteome

〈Central Dogma of Molecular Biology〉
· Transcription(전사):
RNA polymerase / DNA → RNA
· Translation(번역):
Ribosome / RNA → Protein

〈What is cloning?〉
- Vector DNA에 원하는 target DNA를 cloned 시킨 뒤, 연결해서 recombianant DNA 분자를 만든다.
박테리아(Bacterial Chromosome) 증식 과정을 통해 증폭시킨다.

〈How do you clone genomes?〉
- Target DNA를 PCR로 떠낸 뒤, 집어넣어 cloning을 진행한다.

〈How does sequencing work?〉
- 형광물질이 가다가 stop되는 지점이 있는데, 이를 나열해 볼 수 있다.
  Labeled terminator (ddNTP)
- http://www.youtube.com/watch?v=ezAefHhvecM

〈Gene Structure and Information Content〉
· Gene의 서열에는 어떤 것이 있고, DNA의 언어 정보를 해석해 내는 과정
· 시작점 인식: Promoter sequences
- Structural(구조) Gene: Coding region
  Regulatory(조절) Gene: positive, negetive
→ sequencing을 통해 서열을 알아내고, 그 서열로부터 정보를 얻어내는 작업이 중요

〈What is a transcription factor?〉: 전사조절인자
- 특정 mRNA나 <u>transcription factor</u>이 gene을 ON/OFF 시킨다.
→ transcription factor을 찾는 것도 genomics 분야에서 중요하다.

제4장. 유전자 정보 활용에 대해

조절적 메커니즘을 찾아내고 해석해 내는 작업을 하는 것이다.

〈The Genetic Code〉
- Triplet Code
- Codon (ATG, 총 64개의 code가 있음, 20개의 아미노산, stop codon)
- Stop Codon / Start Codon → TAG, TGA, TAA / ATG
- Degeneracy

〈Open Reading Frames〉: ORF
- DNA 서열이 있을 때,
- Reading Frame: Start to Stop(Start와 Stop codon이 frame 안에 같이 있게 되는 상황)
  codon에 대한 부분을 이해하는 것이다.
- 서열이 만들어내는 mRNA는 어떤 것이고, 만들어내는 stop codon은 무엇인가, protein 서열은 어떻게 되는가
- DNA 염기서열의 감지 가닥이 주어졌을 때, 그것을 mRNA로 전사하여 mRNA의 방향을 보여준다(3'→5'). 그리고 이 염기서열을 protein으로 변환한다.

〈Introns and Exons〉
- Splicing, Splicesome(진핵생물에 있어서 많이 나타남)
- http://www.youtube.com/watch?v=FVuAwBGw_pQ&hl=ko
- Introns/Exons
- Introns: non coding region? / Useless? 현재 regulation이 있다는 논쟁 중에 있다.

〈Genomics〉
- 완성된 genome 서열 초안
- Human, mouse, rat, Drosophila, Arabidopsis, and others
- Gene catalog는 이용가능하다.(어떤 서열을 가지고 있는지 알고 있다.)
→ 그러나, 이 유전자 목록을 **해석하는** 것은 계속되는 도전으로 남아있다.
- DNA 서열 전체에서 알아가고 mapping에 있어 heterosis, epistasis, pleiotropy한 특징들을 해석하고, 분자 생물학과 유전학과 연결 지어, 기능적인 부분들을 해석한다.

⟨Transcriptomics⟩
· DNA microarray technology
　이 기술을 통해서 나온 mRNA 서열에 대한 양적 관계를 알아본다.

⟨Genomic Info⟩
· In Prokaryotic(원핵생물) Genomes
· **Contig**: 산탄총 DNA 염기서열 분석 프로젝트에서, contiq는 하나의 유전 source로부터 파생되 겹치는 DNA 조각들의 집합이다.

⟨Prokaryotic Gene Structure⟩
· Promoter/ORF
· Shine-Dalgarno sequences
· Conceptual Translation(개념적인 번역)
· Termination Seq.
· GC contents

⟨Eukaryotic Genomes⟩
· Gene Str.
- promoter/ORF
- intron/exon, alternative splicing
- GC contents
　(DNA에서 GC contents가 많은 쪽이 melting point가 높다. → 잘 떨어지지 않아 정보가 오래 보관)
- CpG islands
- Isochores
- Codon usage Bias

⟨Gene Expression⟩
· cDNAs and ESTs
· <u>SAGE(발현)</u>
· Microarray

⟨Transposition⟩
- 서열들이 통째로 자리가 섞이는 경우가 존재

제4장. 유전자 정보 활용에 대해

· Transposon/Retrotransposon
· Repetitive Elements(반복 요소)
· Eukaryotic Gene Density(Gene이 어디에 몰려있는지 알아보는 분석)

〈Genomics Databases〉
· NCBI
· UCSC Genome Browser
· Ensemble
· Gene Cards

〈DBs〉
· Sequence(서열) DBs
· Mapping(연결) DBs

〈Genomic DB〉: DNA 서열 정보 찾기
· <u>NCBI: National Center for Biotechnology Information</u>
- http://www.ncbi.nlm.nih.gov/
http://www.ncbi.nlm.nih.gov/books/bv.fcgi?call=bv.View..ShowTOC&rid=handbook.TOC&depth=2 → NCBI User Guide
· UCSC Genome Browser
- http://genome.ucsc.edu/
· Ensemble
- http://www.ensembl.org/index.html
· Gene Cards
- http://genecards.ccbb.re.kr/cards/index.shtml

〈NCBI〉
· Nucleotide
· Protein
· Genome
· Gene
· Structure
· HomoloGene
· UniGene

- 3D Domains
- GEO
- Blast
- OMIM
- DNA 서열 찾기

Pubmed
- Pubmed 찾기
- Pubmed 활용 문헌 정보 찾기 활용

Gene
- 유전자 정보 찾기
- 서열 내에서 정보 찾기
- coding 서열

NCBI ORF Finder
- http://ncbi.nlm.nih.gov/projects/gorf/

〈cDNA: Complementary DNA〉
- 유전학에서 cDNA는 역전사 효소에 의해 촉매되는 반응에서 성숙한 mRNA template으로부터 합성된 DNA이다.(gene의 DNA가 mRNA로 갔다가 protein으로 갈 수 있다. 단백질로 발현될 수 있다.)
- Formation of a cDNA Library:
  cell에서 mRNA를 isolate 및 collect한 뒤, RNA에서 역전사 효소로 cDNA를 만든다.
  그리고 그 cDNA를 박테리아에 주입시켜 증식시킨다.
  증식시킨 박테리아에서 DNA를 isolate한 뒤, sequencing을 진행하는 방식이다.

〈Finding DNA/mRNA sequence of Target protein〉
- NCBI 사용
- CDS, ORF Finder 사용

cDNA ordering

제4장. 유전자 정보 활용에 대해

〈FASTA Format〉
· 생물정보학에서, FASTA format은 염기쌍이나 아미노산이 단일 문자코드를 사용하여 표현되는 핵산 염기서열 또는 펩타이드 염기서열을 나타내기 위한 text 버전 형식이다.
· FASTA format의 단순성은 text 처리 도구와 script 언어인 Python과 Perl을 사용하여 염기서열을 조작하고 분석하는 것을 쉽게 만든다.
· FASTA fomat의 염기서열은 한 줄의 설명으로 시작하며, 그 다음에 염기서열 data 라인이 이어진다.
  설명 라인은 첫 번째 열에 있는 크기보다 큰 기호(">")로 염기서열 data와 구별된다. ">" 기호 뒤의 단어는 염기서열 식별자이고, 나머지 라인은 설명이다.(둘 다 선택 사항)
  식별자의 첫 글자와 ">" 사이에는 공백이 없어야 한다. text의 모든 라인은 80자보다 짧게 권장된다.
  ">"로 시작하는 다른 줄이 나타나면 염기서열이 종료된다. 이것은 다른 염기서열의 시작을 나타낸다.
· >gi | 5524211 | gb | AAD44166.1 | cytochrome b [Elephas maximus maximus]
  LCLYTHIGRNIYYGSYLEKKTWLTKLWLTWKTWLJLEKFLJKLWLKCJKLWJLAJLK
  CMMAWKLCWEMKLEWTKAMWKSJKJDSLKFJAKLSJFKLSLDJKLCKLJALLWEKCJ
  KLCJKLDSCSCSJCIWLCLCKDSCSDLKCMKDLCSKJDKLJSDCKPIAGX   IENY →
  예)

〈Sequence DBs〉
· Primary and Secondary DBs(1차: 전체적으로 다 모아놓은 site, 2차: 1차를 좀 더 가공)
· Nucleotide Sequence DBs(연결해서 1, 2차 DBs를 해결하는 방식)
  Functional Divisions in Nucleotide DBs
- EST - STS - GSS - HTG - HTC - WGS(→방향으로 DB가 더 커진다.)
- PAT - CON
- TPA (아직 분석 중에 있는 단계에 있는 것들)
- Refseq (최종 단계를 거쳐 염기서열 자체가 검증이 된 것들)

〈Mapping DBs〉
· Mapping and Sequencing
· Genomic MAP Elements(연결 요소 사용)

시스템생물학 기초

DNA marker, Polymorphic markers
DNA clones, Genomic Annotations
· Types(종류) of MAPs
Cytogenetic Maps, Genetic Linkage Maps, Physical Maps 등
· The Genome Database
· eGenome
· LDB2000
· UCSC
· Ensemble
· NCBI
· GeneCards and GeneLOc
· GeneLynx
· AceView

〈Comparative Maps〉
· MGI
· Rat(쥐) Genome DBs(쥐의 종류를 비교하는 maps)

〈Comparative Genomics〉
· Comparative genomics는 다른 생물학적 종이나 변종에 걸친 genome 구조와 기능의 관계에 대한 연구이다.
· Comparative genomics는 genome에 작용하는 기능과 진화과정을 이해하기 위해 선택서명에 의해 제공된 정보를 이용하려 한다.
· 그것이 아직 young 분야인 동안, 그것은 현대 종의 진화의 많은 부분에 대한 통찰력을 줄 큰 가능성을 가지고 있다.
· 현대 genome에 포함된 많은 양의 정보(인간의 경우 750 megabytes)는 comparative genomics이 자동화되는 것을 필요로 한다.
· <u>유전자 발견</u>은 genome의 <u>새로운 non-coding 기능 요소</u>의 발견과 마찬가지로 comparative genomics의 중요한 활용이다.
· comparative genomics은 어떻게 선택이 이 요소들에 작용했는지 추론하기 위해 단백질, RNA, 그리고 다른 유기체의 조절 영역에서 유사점과 차이점 둘 다 이용한다.
· 다른 종들간의 유사성에 책임이 있는 요소들은 시간이 지나면서 보존되어야 하는데(<u>stabilizing selection</u>), 반면 종들간의 차이에 대해 보상할 수 있는

제4장. 유전자 정보 활용에 대해

요소들은 서로 달라야 한다.(positive selection)

《유전체학에서 중요한 부분》

1. ORF Finding
2. DNA sequencing 찾고, 활용
3. Cloning

　　4주차부터는 약간 DNA, RNA, Protein 각각의 정보들이 어떻게 찾고 어떻게 구성되어 있는지 그런 얘기를 할거에요. 4주차는 주로 DNA의 정보를 어떻게 찾는지에 대한 얘기를 할건데 우리가 이제 설명만 얘기하면서 또 얘기가 됐지만 그런 기본적인 진화의 역사가 되게 중요합니다. 왜냐하면 우리는 이 개념을 좀 이해해야 할 필요가 있는데 어떻게 보면 진화라는 게 본질적으로 들어가 보면 유전자라는게 결국 DNA인데, DNA가 서열들이 바뀌고 그런 과정으로 이루어져 있다.

　　유전의 반응들이 일어나는 것들이 결국은 단순히 우리가 형태격인 변화 이를테면 뭐 여기 보면 나오지만 유인원이 출현하고 뭐가 이렇게 출현을 해서 되는 것들이 그런 형태들이 갑자기 튀어나오는 것이 아니라 점진적인 유전자 변화를 통해서 진화의 과정이 있다는 진화의 기본적인 이해가 필요한 거고요. 결국은 중요한 것들은 유전 정보인데 여기 보면 DNA라고 하는 것들을 소위 디옥시뉴클레오리보스 핵산인데 그 핵산들이 결국 유전 물질이라는 것을 알아내는 그런 거를 많이 했고요. 그래서 이제 유전의 물질들이 DNA를 이루고 있다 그래서 액손, 인트론에서 그거를 아는 거고 그거를 어떤 소위 서열적 요소들을 알게 된 거죠. 그래서 이제 DNA 기본적으로 하는 것들은 뉴클레오타이드 A,T,G,C, mRNA에는 U가 있고 T 대신에 그 다음에 Phosphodiester 구조로 이루어져 있고 그렇게 연결된 Polynucleotide들이 모여서 Chromosome으로 이루어져 있고 Base pairing이 A와 T와 G와 C사이에서 이루어져 있다. 그런 기본적인 구조로 핵산에 대해서 Polypeptide Group이 있고, 아미노기 그룹이 들어와 있고 그다음에 mRNA의 경우에는 RNA의 경우 리보스고 DNA의 경우 Deoxyribose가 염기에 따라서 ATGC로 나뉘어져 있다. 뭐 이런식의 기초적인 정보는 좀 알고 있어야 할거에요. 아마 수업시간에 다시 또 얘기를 하겠지만 결국은 우리는 그 다음에 중요한 얘기 중 하나가 DNA Central dogma DNA로부터 시작해서 정보의 흐름을 RNA, PRotein으로 흘러간다. 그래서 DNA에 나온 부분을 Genome, RNA의 부분을 Transcriptome, Protein의 부분을 Proteome 이렇게 분리 분석해 낼 수 있다는 거죠.

　　그다음에 전사의 과정부터 시작해서 번역의 과정 전사의 과정의 외인적인 요소는

RNA polymerase로 이루어져 있고 번역의 과정은 리보솜에서 이루어져 있다. 전사는 알다시피 RNA Polymerase가 붙어서 DNA로부터 시작해서 mRNA를 만들어내는 과정이다. 이렇게 보시면 될 것 같고요. 그다음에 이제 번역 과정, Translation 과정을 mRNA가 기본적으로 winding 되어서 펩타이드 tRNA가 이제 펩타이드로 가져와서 거기서 이제 단백질을 만들어내는 것들이 합성이 돼서 단백질을 만드는 과정이 Translation입니다.

또 하나 이제 cloning이라는 컨셉인데 cloning이 뭐냐 결국은 특정한 DNA를 증폭시켜서 우리가 원하는 factor DNA Translation 하는 것들을 결합시켜서 만든게 Recombinant DNA고 이러한 과정들을 우리가 Cloning이라고 하는 겁니다. 우리가 어떻게 보면 원하는 Gene들을 증폭시키는 과정의 방법 중에 하나가 cloning인데 Genome에서 어떻게 clone을 끄집어 내는가 결국은 특정 여러 방법이 있는데 하나를 예로 들어서 코스믹 방법을 통해서 DNA를 증폭시켜서 끄집어내는 그런 방식들이 있다.

또 하나 중요한 것은 서열을 알아내는 방법 중 하나가 Sequencing인데 Sequencing에 대한 유튜브에 나온 영상을 다시 한번 설명해보고 오프라인 수업때 얘기를 하겠지만 결국은 DB Ring 되어 있는 Terminate 되는 두 개의 double Dioxy 라는 것을 통해서 connection이 안되게 함으로써 그거를 붙여서 이런 식으로 sequencing 방법을 쓰는 것을 semoment라고 하는 것이고요
생화학 수업시간에도 여러번 얘기가 됐을 것으로 생각되고요. 동영상과 이거에 대한 수업적인 면에서 내용에 대해서는 오프라인 수업에서 다시 공유를 하도록 하겠습니다. 자 그러면 우리가 이제 어떻게 보면 여기까지 아주 기초적인 그 유전자의 정보와 관련되서 얘기를 했어요 그래서 결국은 그 유전자의 구조에서 어떤 식으로 정보들이 있을 것이냐? 여러 가지 있을 수도 있죠. 예를 들어 DNA가 있다 그러면 거기에 promoter sequence에서 시작해서 코딩하는 그런게 어디냐 Regulation하는 gene들의 경우는 positive하게 regulation, negative하게 regulaition 발현이 되게끔 한다든지 안되게끔 한다든지 이런 것들을 이제 인식하는 promoter 역할을 찾아내기도하고 이게 기본적으로 DNA 서열을 밝혀지게되면 그 다음엔 우리가 거기에 숨겨진 의미를 찾는 거죠. 그게 DNA 언어의 해석이라고 하는건데 또 하나가 중요한 것 중 하나가 Transcription factor라고 하는 전사인자들이 어디서 어떻게 binding 하는 건지 찾아낸다든지 이런 것들이 다음 중요한 얘기 중 하나입니다. 일반적으로 여기 우리가 이해하는데 있어서 그 어떤 유전자의 meaning 코딩을 이해하는데 있어서 중요한 것 중 하나가 Triplet codon codon에 대한 이야기를 할 것입니다. 여러분들이 알다시피 ATG부터 시작해서 stop codon으로 나머지 세 가지 stop codon이 있고 여러 개의 gene이 있죠.

제4장. 유전자 정보 활용에 대해

그래서 유전자가 있으면 거기서 나오는 open reading frame ORF라는 것이 있어요. 그래서 이게 leading frame 말 그대로 start에서 시작해서 stop으로 가는 어떤 하나의 서열이 있으면 전체적으로 leading frame이 어떻게 되는가를 찾아내는 것이 중요한 것 중 하나인데 결국은 예를 들어서 지금 서열이 이렇게 주어지고 있다고 치면 이 서열을 그대로 읽어보면 ATG에서 시작해서 stop으로 되어 는 이게 DNA open reading frame이 되는 거고 이게 RNA로 넘어오면 ATG가 U로 넘어오고 U에서 이런 서열이 나오겠죠. 말 그대로 이게 넘어간 거고 그다음에 여기 각각의 코돈에 맞추어서 아미노산이 매칭이 되어서 protein이 된다. 이걸 찾는게 가장 중요합니다.

따라서 DNA 서열이 있을 때 Open reading frame을 찾는 것이 되게 중요한 것이 되는 거죠. 그다음에 intron, exon인데 뭐 이거는 말 그대로 splicing과 splicesome이라 하는 소위 그런 과정하고 그런 것들을 이해하는 필요가 있고요. intron이라는게 대부분 어떤 영향이 있냐 그거에 대한 서열은 non-coding이 있는데 그건 쓸모 없는거냐 꼭 그렇지만은 않다 라는 것으로 이해하는 측면이 있고요. 여기에 대한 ORF를 찾는 연습은 take home quiz로 해오면 될 거 같고요

그래서 이번 작업적인 면에서 연습 차원에서 진행해보는 거라고 보시면 될 것 같고요. 결국은 genomics를 통해서 여러 가지 정보를 얻는다 라고 앞에서 얘기 드린 것처럼 기본적으로 genome에 대한 정보를 우리가 판단하는데 중요한 건 서열을 아는 것은 어느 정도 지금 쉽게는 아니지만 너무 알려졌다. 중요한 건 이 gene의 의미를 찾는 것들이 지금 아주 중요하게 여겨지고 있다고 생각하는데 그 의미들을 이제 하기 위해서 전자체의 경우 microarray를 통해서 이런 정보들이 쌓이고 있는데 그럼 어떤 정보들을 우리가 실제로 얻을 거냐, prokaryotic의 경우 contig 용어입니다.

그래서 매칭하는 건데 연속적으로 연결된 프레임 된 것을 찾아서 짜집기하는 이런 것들이 Genomic에서 많이 하고 있고요. 그래서 뭐 결국 gene이 나오면 거기에 protein의 ORF를 찾는 다던지 RNA sequence를 찾는다던지 Translation이 어떻게 이루어지는가를 본다던지 Termination sequence를 찾는다던지 GC contents를 찾는다던지 이런 식의 일들이 prokaryotic genome을 가지고 진행되고 eukaryotic도 마찬가지로 promoter에서 시작해서 ORF 이건 당연히 alternative splicing 정보를 찾는다던지 GC contents를 찾는다던지 CpG islands라 해서 뭐 이런식의 특정적인 isochore라던지 Codon usage Bias 이런 것들에 대한 genome에서 끄집어내는 그런 경우라고 보시면 될 것 같아요.

그리고 중요한 것 중 또 하나가 발현에 대한 정보인데 그걸 cDNA나 EST를 통해서 SAGE라고 하는 SAGE Gene Expression에서 gene expression profiling을 microarray에 모아둔 상태에서 확인이 된다고 보시면 되고요. 그 다음에 Transposition은 유전자의 수동적인 이동인데 그게 어떤식으로 이루어지는가를 찾는다던지 tranposon과 반복적으로 나오는 인자들이 어디 있다든지 그다음에 Eukaryotic gene이 어떤 식으로 어떻게 밀집되어져 있는지 그런 것들을 찾는 노력을 한다가 되겠고요. 이런식의 정리들이 주로 어디에 많이 놓여져 있냐 주로 DB인데 이런 식의 유전체학 정리에 대해서는 크게 4가지 정도로 얘기하고 있어요. 이어서 NCBI, UCSC Genome Browser, Ensemble, Gene Cards 네가지의 사이트에 조절하는 어떻게 활용하고 대표적으로 특히 오늘의 핵심은 유전체의 정보를 내가 얻고자하는 단백질이 있다고 쳤을 때 그 단백질에 해당되어지는 물체 DNA를 뽑아내어지는 그런 실습을 잠깐은 설명을 드릴꺼고 아마 오프라인에서 다시 설명을 드리도록 하겠습니다.

주로 여러 가지 이제 아까 전에 얘기했던 nucleotide의 DB들이 있는데 그 database가 크게보면 Sequence DB가 있고 Mapping DB가 있습니다 특히 Sequence DB를 어떻게 쓰고 어떻게 찾는지 전체적으로 설명을 한번 드릴거고요. 그래서 먼저 Sequence DB 중요한 우리가 DNA 서열을 어떻게 찾는가 하는 건데 그거는 실제로는 다양하게 DB들이 많아졌어요. 오프라인에서 구글에서 설명을 하는 시간을 갖도록 할테니까 여러분들이 연습을 하시면 될 것 같고요. 그래서 대표적인 DB는 NCBI, UCSC Genome Browser, 그다음에 Ensemble, Gene Card 이렇게 네 가지 정도를 잠깐 살펴볼건데 이건 UCSC Genome Browser라고 해서 Universal California 일텐데 거기에 가보면 이런 식의 Genome Browser가 있어요. 이거는 들어가 보면 뭐 최근에는 다양한 정보들 단순히 Genome 정보뿐만 아니라 여러 가지 다양한 정보들을 연결되어져 있어서 여러 가지 다양한 기능들을 최근에는 DB가 DB 한 단독 DB만 있는 게 아니라 여러 가지 DB를 연결되어져 있는 경우가 꽤 많아졌어요. 단순하게 여기에 가면 이것만 할 수 있다 말할 순 없어요 최근에는 다양한 Proteome들을 얻을 수 있고 그렇습니다.

그다음은 Ensemble이라고 하는 건데 이건 유럽쪽에서 지금 세팅되어진 건데 지금 들어가 보면 여기도 마찬가지로 웹사이트에 따라서 여러 가지 다양한 DNA정보에서 시작해서 Protein 정보 최근에는 구조정보들을 다 연결시켜 놓은 것이 꽤 있습니다. 그걸 참고적으로 알아두시면 될 것 같고요. 그다음에는 Gene card라 해서 이게 아마 한국에서 연구되어진 한국 사이트입니다. CCBB라고 하는 Gene Card 들어가 보면 이런 사이트들을 알 수 있고요 다 비슷합니다 Gene 말 그대로 유전자의 카드 일종의 우리가 뭐 도서관에 가보면 카드별로 책을 색인해놨듯이 카드 형태로 색인해 놨다는 뜻으로 Gene card라고 했고요. 그래서 gene cards에 가보면 될 것 같고요. 그다음에 이제 마지막으로 메인으로 진행을 하는 게 NCBI인데

제4장. 유전자 정보 활용에 대해

NCBI는 뭐의 약자냐 National Center for Biotechnology Information 미국의 NIH 미국의 국립 보건의료회에서 실제로 사이트를 만들어 진행하고 있는거고 거기서 하고 있는 거고 아마 핵심적으로 많이 쓰게 될 거고 구글 검색도 하게 연습을 하면 될 것 같고요. 그거를 진행하고 나면 그거를 토대로 해서 이 사이트를 필히 여러분이 공부를 해서 보시면 될 것 같고 그거의 유저 가이드가 있습니다. 일종의 책 같은 형태로 다양하게 어떻게 쓸 수 있는가 메뉴가 어떻게 있고 어떤 명령어들을 써서 어떻게 접근할 수 있는지 써져 있는 유저 가이드가 있어요. 그래서 이 부분을 필히 한번 보시도록 권장을 하겠고요. 그래서 실제로 여기 NCBI를 가보면 앞에서 잠깐 얘기가 되겠지만 Genome에 대한 것들만 있는게 아니고 실제로 nucleotide에서 시작해서 protein, 구조, Homologene, UniGene, 3D domain, Gene Expartion obniverse 발현 profile, Blast기능 OMIM 기능 이런 것들이 전반적으로 뒤에 보면 설명이 되어지는 것들이고 여기에서 많이 사용되어지는 case들이 많아요. 그래서 이거를 알아두시는 편이 좋을 것 같고 오늘은 핵심만 genome과 gene 최종적으로는 nucleotide 기능입니다. 그거에 대한 이야기가 아마 진행될 것이다 라고 보시면 될 것 같고요. 그리고 NCBI에 가보면 Pubmed라고 하는 게 있어요. Publication In Medicine이라 해서 이게 그 사이트가 있는데 여기서 지금 원래 오프라인 수업에서 이제 이걸 하는 방법을 설명을 잠깐 할거에요. 그래서 이제 여러 가지의 문헌정보를 찾는다던지 의학적인 생물적인 그런 데이터를 얻고싶다 또는 내지 자료를 얻고싶다 그렇게 되면 이 Pubmed라는 것을 하면 됩니다. 그래서 여기에 가면 최근에 필요한 PDF까지도 얻을 수 있고 다양한 정보를 얻을 수 있습니다. 여러분들이 연구를 하거나 reserch를 하거나 또는 내지 어떤 특정 관련된 문헌정보를 얻고 싶다 하시면 Pubmed를 쓰시면 될 것 같고요. 또 하나는 Pubmed와 대조적인건데 Google Scholar라해서 구글에 가서도 검색을 할 수 있어요. 아마 여러분들이 기회가 되면 Google Scolar라고 하는 이 사이트도 잠깐 이용을 해서 문헌 정보를 찾는 그런 연습을 진행을 하도록 하겠습니다.

그다음에 NCBI에서 DNA 서열을 찾는건데 개념 설명을 드릴게요. 실제로는 연습을 한 번 실습을 해야 여러분들에게 설명이 될 것 같은데 일단은 NCBI에 가서 특정한 Target Gene을 찾게 되면 Genome이라고 하는 Part로 들어가게 되면 이렇게 해서 여기에 지금 뭐냐면 인간이라고 치면 Genome의 전체적인 길이가 있고 어떤 특정 부위에 특정 Gene들이 어떻게 발현되는가 여기 잘 보시면 여기 마크된 형태로 되어있는 것들이 exon과 intron입니다.

그래서 특정한 Gene들이 Genome 어쩌고 하는 codon으로 되어있는 N 어쩌고 어쩌고 code 변화가 있는데 나중에 이제 이게 NCBI Number인데 이게 Chromosome 어떤 17번 위치에 P13이라는 위치에 이 방향으로 전사가 되어진다는 것입니다. 실제로는 더 다양한 gene들이 경우에 따라서는 왼쪽 방향, 경우에 따라서는 오른쪽 방향으로 발현이 됩니다.

그래서 이게 아마 Dullard라고 하는 단백질을 찾은 예를 잠깐 보여준건데 이렇게 해서 이거를 유전자 정보를 찾습니다. 그래서 유전자 정보를 찾으면 이걸 가지고 Searching을 해서 유전정보를 찾게 되는 연습을 하게 될 것입니다.

실제로 유전 정보를 찾는 여러 가지 길이 있어요. 대표적인 것은 NCBI 메뉴를 보시면 Gene이라던지 또는 Genome 또는 nucleotide라고 하는 핵산 이 사이트에 들어가면 찾으실 수 있습니다. 메인은 Gene을 가지고 하는 연습을 주로 하게 될거고요.

특정한 Gene을 찾아서 그거를 끄집어내는 그런 실습을 진행한다라고 보시면 될 것 같습니다. 그리고 실제로 그 화면을 지금 잠깐 보여주게 되는건데 Entrez Gene이라는 사이트에 메뉴가 있고 searching을 하게 되면 Dullard라고 하는 것이 있고 거기 이런 식의 gene 구조 말 그대로 어떤 특정 유전자가 있으면 그 유전자의 정보를 모아서 정리해 주는거에요.

그래서 여기 보면 symbol 이름이 어떻고 full name은 어떻고 어디에서 처음 나왔고 Ensemble에 있는 다른 사이트와 연결되어 있는 Human, protein, resource database 거기에 나와있는 MIM 이런 식의 어떤것들하고 연결되어 있는지 그림을 나중에 실제로 한번 볼 거에요. 코딩되는 타입이고 그 다음에 refrence sequencetic value data 실제로 존재한다는 것을 확인되었다 라는 것이에요. 이건 사람이 가진 것이고 이건 종속관계로 설명했을 때 homosapience의 어쩌고 어쩌고 그런 얘기를 보여주고 있는 거에요.

그 다음에 아까 보여줬던 그림이 여기 포함이 되는 거고요. 그리고 실제로 여기를 클릭하게 되면 이런 식의 유전자 정보로 들어가게 됩니다. 아까 얘기했던 NCBI도 여기 있고 관련된 문헌정보들이 모여 있는걸 보면 2006년 NCBI homo sapiens에 연결되어 있었고 코드번호들이 연결되어 있고요. source는 처음으로 나왔고 유전자는 145개이고 ID나 이런 것들 exon 그중에 CDSI라는 사이트가 있습니다.

코딩 사이트로 말 그대로 전체적인 구조가 있을 때 그중에 코딩되는 나중에 mRNA로 넘어가는 resort 되어서 실제로 protein으로 연결되는 거고요. 그거를 클릭해보면 이렇게 나오고 그다음에 exon 정보들이 쭉 다시 전체 구조적으로 exon들이 있으면 DNA가 있다고 하면 여기가 exon, exon, intron이 빠진 부분을 exon으로 제시를 하고 있는 거고요. 그래서 그것들이 만나서 align 되는 것입니다.

그리고 여기 와서 전체 서열정보를 보여줍니다 잘 보시면 GAA에서 시작합니다. ATG가 아니에요. ATG는 여기 어디 중간에 껴있는 거죠 그다음에 여기

제4장. 유전자 정보 활용에 대해

만나서 짜집기 형태로 이루어져 있는 거고 맨 끝에가 mRNA 소위 AAA로 polyether를 갖게 되는 형태 이런 식으로 주어지게 됩니다. 그래서 실제로 이런 식으로 유전 정보를 찾고 그걸 토대로 해서 fasta format이라고 하는 format을 클릭을 하면 이런 식으로 fasta format 형태로 해서 서열 자체만 얻을 수가 있습니다. 그래서 여기 보면 Homo sapiens dullard homolog Xenopus leavis 라는거에 유래한 Human model dullard라는 거에 Transcript variant 1 varient 전사하는 과정이 하나만 있을 수는 없으니까 1번 mRNA로 유전 정보가 쌓이게 되는 거고요.

이런 식으로 서열을 가지고 분리한 것중 하나가 Open Reading Frame을 찾아낸거에요. 대체 어디서부터 어디까지가 Medium Frame으로 들어 가는가 NCBI에 ORF Finder라는 것이 있습니다.

실제로 이 NCBI 뿐만 아니라 ORF Finding 하는 소프트웨어들은 여기에 있습니다. 아마 이것도 오프라인 수업때 검색을 하고 여러분이 찾아볼 수 있을 텐데 아무튼 여기 사이트에서 아까 얻어졌던 이 서열을 그대로 Copy&paste 하면 실제로 결국은 어떤 region에서 adabt 되는지 여기서 보면 fasta format을 집어넣어야 하는데 그 서열을 집어넣으면 실제로 거기에 들어가는 정보를 찾을 수 있고요. 또 하나가 아까 gene에서도 찾았지만 nucleotide에서도 똑같은 게 있습니다.

그래서 NM 어쩌고 하는거 이게 바로 N의 meaning은 NCBI고요 Record가 됐다는 얘기고요 M의 meaning은 mRNA라는 것입니다. 그래서 그 코돈이 있고 유전자 base pair에서 이런 식으로 있고 여기 이제 그렇게 돼서 있을 수 있다는 거고 그래서 결국은 마찬가지로 서열을 Nucleotide에서도 똑같이 이때는 이거는 ATG에서 시작해서 stop codon으로 끝나는 이 서열로 딱 얻어지게 되는거죠. 어쨌든 유전자 자체를 찾는 방법이 아까 Gene이라는 데에서 찾는 방법이 있고요. 실습을 통해서 다시 한번 설명이 자세히 이루어 질거에요. 그거는 여러분이 고민을 하시면 될 것 같고 그거를 가지고 집어넣으면서 ORF finding을 하면 그걸 통해서 거기 Open Frame이 들어 있는게 어떻게 되는 거야 실제로 어떤 RNA로 넘어가고 어떤 Protein으로 넘어가는지 환산할 수 있는 연습을 한번 하게 될 거고요. 또 하나의 길 중 하나가 nucleotide의 길을 통해서 들어가서 이런 식으로 하는 과정도 있을 수 있다.

그중에 연결되는 것 중에 CDS라 하는 Coding Sequence라고 하는 학습을 좀 알아볼 필요가 있다 그렇게 보시면 될 것 같고요. 그래서 우리가 여기 cDNA라는 것이 있는데 여기는 뭐 굳이 얘기를 하면 Complementary DNA라 해서 아까 얘기한대로 mRNA를 DNA로 전환하는 biomass를 이용해서 만들어 낸건데 이런 cDNA가 library로 만들어져서 실제로 팔아요. 그래서 여기로 보면 clone을 해서

sequence를 통해서 isolate를 시켜서 cDNA library를 실제로 만들어서 팝니다. 그러다 보니까 실제로 우리가 cDNA를 얻게 될 수 있거든요. ORF finding을 연습하는거니까 이거는 연습을 한번 오프라인에서 해보고 온라인에서 실제처럼 연습을 해볼 필요가 있고요. 그래서 어떤 DNA/mRNA target sequence를 NCBI를 사용해서 하거나 CDS에서 하거나 ORF finder를 통해서 찾아내는 연습을 알게 되면 그다음에 우리가 그 gene을 어디서 얻을 것이냐 cDNA clone 같은 것들을 아까 얘기한 형태로 팝니다. 근데 그것이 NCBI에 가면 어디에 살 수 있다는 것이 연결되어 있습니다. ordering이라는 사이트들이 있거든요 그걸로 연습을 하게 될 것이고요.

그 ordering을 해보면 실제로 뭐 ACC, ATC부터 시작해서 American Type Culture collection이라든지 Gene open biosystem RGPD 이런 데에 가서 order를 할 수 있다 이렇게 보시면 됩니다. 그리고 현재로 ATCC라는 사이트에서 실제로 특정한 단백질에 대한 dullard에 대한 clone을 gene을 파는 거죠. 말 그대로 gene을 beta 안에 집어넣어서 파는 거를 지금 보여주는 예이고요. 그리고 또 하나가 fasta format인데 fasta format이 두 가지 뜻이 있어요. 나중에 뒤에가서 얘기를 드리겠지만 Blast와 비슷한 의미로 서열을 정렬한 프로그램 또는 찾는 프로그램을 fasta라고 하겠지만 또 하나는 fasta format은 문자화된 텍스트 형태로 여러 가지 생물 정보학 필드에서 작업을 하는 데 있어서 유리하기 때문에 fasta format을 이용하는 거고요 fasta format을 이용하면 이런 형태로 이 표시는 어떤 특정한 뭐 symbol first column이 들어가고 그다음에 이제 여기로부터 해서 서열 정리가 문자 형태로 들어가게 되는데 single 형태입니다. 아미노산이나 뭐 DNA, Protein마다 조금씩 다르겠지만 이런 식으로 주어지는 형태가 fasta format이다 라는 것을 알아두실 필요가 있고요. 이런 형태로 얻어지는 것이 fasta format입니다. 이건 DNA 서열이죠. ATG부터 시작해서 TGA로 끝나는 그다음에 약간 추가적인 설명을 하는 것이 이 DB들이 뭐 1차적인 DB들도 있고 NCBI가 1차적인 DB이고 그걸 연결하는 secondary DB들이 있습니다. 그래서 이런 형태로 DB들의 확장형태가 있다는 것을 알아두시면 될 것 같고요.

그다음에 Nucleotide DB들을 보시면 EST부터 시작해서 쭉 이런 개념들이 들어가 있는데 그 중 EST라는 것은 Express config이다. 그래서 전체 중에 특정 부위를 확인하는 거고 그다음에 full genome까지 하는 경우도 있고 PAT는 Patent 쪽에 있다는 거죠. 특허에 관련된 sequence다 그다음에 TPA는 뭐 특정하게 우리가 관련된 어떤 형태의 시퀀스 형태에 따라서 중요한 것은 referece sequece라는 건데 다 확인이 됐고 검증이 됐다는 거죠. 이 단계까지 갔으면 더 이상은 서열에 대해서 크게 고민할 필요는 없다. 아무래도 검증이 됐다라고 보시면 될 것 같습니다. 그래서

제4장. 유전자 정보 활용에 대해

nucleotide에 따라서 어떤 단계에서 nucleotide sequece가 어떻게 보면 검증되었는가 확인하는데 이것을 활용하는 필요가 있고요.

아마 자세한 건 오프라인에서 참고하는 시간을 가질 겁니다. 그 다음에 마지막 얘기가 Mapping 얘긴데 우리가 genome sequence가 쭉 있으면 그것들이 Mapping 되어서 어떻게 연결되어 있는가 그래서 우리 특정한 DNA 마커나 DNA clone과 연결되어 있고 또 여러 가지 생물학적인 cyto 세포적인 연결이라던지 물리적으로 어떻게 연결되어 있는지 하는 DB를 말하는 건데 이 genome DB는 여러 가지가 있습니다. 이거 좀 보기 그래서 그런데 이 외에도 Genome DB는 eGenome, LDB2000, UCSC, Ensemble, NCBI, Gene card, GeneLOc, GeneLynx, aceview 등등이 있습니다.

이거는 아마 수업시간에 잠깐 검색하는 시간을 이거에 대해서 찾아보는 시간을 가져봅시다. 그래서 결국은 이러한 목적들이 비교 유전체 예를 들어 사람과 돼지 사이 어떻게 DNA 서열이 서로 어떻게 연결되어 있거나 또는 mouse genome과 rat genome과 사람 사이에 이런 comparative map이라해서 서로간에 비교하는 그러한 것들 종 간의 비교를 한다던지 이러한 일을 하는 것들이 Comparative Genomics라는 field고요. 여기 보면 종들과 strain간에 서로 유전체가 어떻게 연결되어 있는가를 비교하는 것을 통해서 정보를 얻어내서 하는데가 comparative genomics라고 보시면 될 것 같고요.

그 다음에 protein이 됐든 종 뭐 이런 서로간의 상호적 관계들을 파악한거죠. 대표적으로 예를 들어서 어떤 특정한 유전자에 대해서 종별로 어떻게 어떤식으로 alignment를 통해서 그것들을 찾는다던지 비교한다던지 하는 작업을 하는게 바로 mapping DB에서 그런 Comparative Genomics 비교 유전체 라는 field에서 진행하는 일이다. 이렇게 보시면 될 것 같습니다. 자 그래서 이 4주차 수업에서는 어쨌든 기초적인 유전자 정보를 찾는 거에 대한 거기서 ORF를 찾는 것까지 이 두 가지에 대한 방법이 핵심적인 얘기고요 그와 관련된 몇 가지 기초적인 개념들을 이해해두시면 될 것 같습니다.

이게 아마 지난 주에 했던 내용일 거 같아 쭉 오믹스에 대한 이야기를 했고 여러분들한테 아마 오믹스에 대한 google이랑 pubmed에 검색을 하라고 했는데 pubmed는 잠깐 보여줄게. 이게 좀 있으면 다시 할 기회가 있다. 우리가 내 수업에서 가장 많은 부분을 보내는 것 중에 하나가 이 사이트거든? National Library of Medicine이라고 쉽게 얘기하면 의료학 전문 도서관이라는 이야기다 NIH 미국 국립 보건원에서 만든 사이트로 여기에 omics라고 쳐보라는 이야기다. 이걸 한번 검색을 해보라는 뜻 자세한 이야기는 나중에 pubmed 사용법에 관한 이야기는 따로 할테니깐. 구글도 마찬가지로 검색을 해보라는 이야기였고. 여길보면 몇 가지 오믹스와 관련된 사이트 omics.org 그리고 www.nature.com/omics 이것도 한번 시간이 있으니까 들어가 볼게.

옛날에 유명한 omics.org라고 해서 오믹스와 관련된 모든 지금 프로젝트를 위키피디아 방식으로 모아놓은 사이트들이야. 이런 사이트를 방문해보시라는 이야기야 이런 소스 같은 것도 있고 해보시라는 이야기였고, Nature 저널에 있는 오믹스사이트인데 사라진 것 같다. 원래는 옛날에 네이처에 오믹스와 관련된 정보를 모아놓은 사이트였는데 사라진 것 같다.

오늘은 마이크로어레이에 관한 기술에 대한 부분에 대해 이야기를 할건데, 중요한 건 조금 더 설명해야 하는 부분을 보완할 게 동영상으로는 설명이 안 되는 부분이 있어서 오믹스 이야기를 할 때 cDNA부분이 있거든 cDNA가 complementary dna라고 하는 건데 그게 뭔지 애니메이션으로 보면 된다. 시간상 따로 이야기 안 할 테니까 adobe flash 되는 쪽에 가서 보면 간단한 이야기야 이건. 이스트 효모가 산소가 있는 환경과 산소가 없는 환경에서 자라는 것을 비교해서 RNA를 추출해서 라벨링해서 어떤 gene이 상대적으로 많이 발현되는지 적게 발현되는지 비교하는 영상이니깐 한 번 보시면 될 것 같다. 중요한 건 이 PI 컨셉을 아마 잠깐 설명을 하긴 했지만 예를 들어서 잠깐 이 얘기는 할 필요가 있다. 여러분들이 Isoelectro point라고 하는 컨셉이 있는데, 원래 내가 오프라인 수업을 할 경우 설명을 하거든 온라인 수업을 하니깐 설명이 잘 안돼서. 일단은 복잡한 거 생각하지 말고 하나만 딱 설명을 하면 Tyrosine의 경우는 c말단과 n말단을 갖는 구조를 갖고 있음. 그래서 미리 이야기하지만 여러분들이 뭘 알아야 하냐면 tyrosine 20개의 구조와 아미노산 20개의 single letter의 약자를 다 알아야 해.

tyrosine은 약자로 뭐가 돼 Y야 single letter의 약자도 다 history가 있다. 이유가 있어. 어쨌든 지금은 설명하지 않겠지만. 그래서 이 tyrosine이 있다고 치고 여기 있는 각각의 h가 떨어지는 지점들이 있어 그걸 소위 pKa라고 표현을 해 예를 들어 CoH같은 경우 일반적으로 4라고 해. 정확하게 pKa라고 하는 말은 Henderson-Hasselbalch Equation에 따르면 pH와 pKa가 같아져야 하므로 [A⁻]와 [HA]가 50:50인 상황을 말하는 거야. 정확한 거는 pI table을 보면 다 있어 어쨌든 간에 이 경우는 H가 많은 상황에서는 OH로 있으니깐 charge가 없다가 -를 띄는 상황이 되는 거야. 그러니깐 전체적으로 어떻게 되냐면 pH가 늘어남에 따라 +charge를 갖고 있다가 neutral을 지나다가 -가 1가 2가로 변하는 거야 전체적인 이 tyrosine 하나만 가지고 이야기 하는거야. 전하값이 +에서 -로 내려가는 과정 중에 0이 되는 지점을 지나간다고 이게 바로 pI라고 그걸 단백질 전체에 대해 평균을 내면 나오게 되는 거지 그래서 이걸 계산하는 방법이 www.expasy.org에 가서 서열을 집어넣으면 순전하량이 얼마인지를 계산할 수가 있다.

제4장. 유전자 정보 활용에 대해

오늘 이야기가 좀 긴 게 open reading frame 이야기인데 open reading frame이라는 게 뭐냐면 DNA서열이 있으면 그중에 결국은 protein으로 가는 부분을 이야기하는 거야. 코돈은 세 개 단위로 가는 거잖아 그중에 ATG로 시작해서 연결되는 것 그게 Open reading frame이야. Sense strand는 정보가 넘어간거 antisense는 정보가 넘어가지 않는 10plate가 된거 그것에 만들어진 mRNA서열 그거에 만들어지는 5'과 3'에 해당하는 위치 표현해주고 그것이 만들어내는 아미노산 서열 어디가 n말단이고 어디가 c말단인지 쓴다.

우리가 Genomic DB중에 몇 가지가 있어 그중에 이제 UCSC Genome Browser가 있습니다. 한 번 방문을 해보실 필요가 있고 그다음에 Ensemble이라고 하는 사이트가 Genomic 쪽에서 유명한 유럽 쪽에 있는 사이트인데 이것도 기회가 있을 때 인터넷 서핑을 한번 해 보세요. 그리고 GeneCards라고 하는 이건 아마 한국거야 근데 이 주소가 최근에 바뀐 걸로 아는데 GeneCards.org로 바뀌었고 어쨌든 오늘 우리가 메이저로 하는 게 바로 NCBI인데 National Center for Biotechnology Information이라고 해서 이거를 수업시간에 가장 많이 쓰는 것 중에 하나인데, NCBI가 의외로 다양한 DB를 가지고 있어 그중에 대표적으로 쓰는게 Protein과 Gene과 관련된 거를 이야기할 건데 NCBI의 기본적인 user guide가 있는데 이걸 자유롭게 쓸 수 있도록 학습을 해놓을 필요가 있어 NCBI hand book이 있거든 그래서 옛날에 이걸 번역과제를 준 거야. 챕터별로 나눠서 번역을 시킨적이 있었는데 어쨌든 알아둘 필요가 있습니다. Nucleotide DB부터 Blast까지 해서 여러분들이 제일 많이 쓰는 거라고 보면 돼. 이게 왜 중요하냐면 여러분들이 새로운 유전자 서열을 알게 되면 여기다 리포트를 하는 거야 그중에 또 PubMed는 관심있는 분야를 찾으면 관련된 논문들이 나오게 되는 거야. 그 논문에 대해서 정보와 full text까지 얻을 수 있는 거지 여러 가지 다양한 관련된 article을 얻을 수 있는 방법으로 여러분들이 문헌정보를 얻고 싶으면 두 가지 방법이 있어 하나는 pubmed를 쓰거나 아니면 google을 쓰거나 요즘에는 google scholar가 있으니 사용하면 정보를 얻을 수 있다. 하지만 medicine과 관련된 정보는 pubmed에 정리가 잘 되어있다.

DNA서열을 가지고 예측하는 방법들에 대해 이야기하는 거야 그거에 가장 기본적인 개념은 Markov Model 또는 Hidden Markov Model이라고 하는 건데 결국에는 randomize된 어떤 형태로 통계적으로 데이터를 처리하는 모델을 말하는 게 HMM인데 개념상으로는 날씨 같은 거를 예로 들어보면 날씨가 오늘 맑았다고 내일 흐리고, 오늘 흐렸다고 내일 맑은 게 아닌 것처럼 내일의 날씨라는 게 어떻게 보면 미래의 일어나는 일들이 현재 형태에 의해서 결정되는 거지 너무 먼 과거와는 연결이 안 되는 것처럼 이게 Markov적 properties를 갖고 있는 확률 과정을 말한다. 중요한 건 DNA서열을 가지고 그게 어떤 gene인지를 알아내는 쉬운 방법은 얼마나 유사한가를 찾아내서 예측하는 것인데 이것의 핵심적인 기술은 NCBI의 BLAST이다. Gene의 기능에 대한 부분들, gene이 갖고 있는 서열이 가지고 있는 정체성을 확인하는 방법의 프로그램들은 대표적으로는 GeneID, GENESCAN, FGENES, GENEWISE 등이 있다. 이외에도 수많은 프로그램들이 있다.

그중에 첫 번째 관심있는 영역 중에 서열이 쭉 있는데 그게 어떤 단백질로 발현되는가를 아는 것과 promoter라는 것이 중요한데. Promoter를 알려면 분자생물학 개념을 알아야 하는 건데, 원핵생물들의 경우에 있어서 발현을 조절하는 기본적으로 ATG로부터 시작돼서 그 앞에 부분에 존재하고 있는 TATA가 많이 있는 것을 TATA BOX라고 한다. 그런 걸 regulation하는 서열들이 있다고 그걸 promoter라고 한다고 이런 서열부분을 찾아내는 분석, 또 하나의 gene서열을 가지고 하는 분석 중의 하나가 promoter analysis이다. 주로 pattern을 이용해서 ATG로부터 시작해서 얼마 앞에 있더라 몇 개 서열 앞에 있더라 같은 pattern을 이용한 algorithm이 있고, 또는 TATA와 같은 서열을 기반으로 해서 찾아내는 방법이 있고 여러 가지 promoter analysis software가 꽤 있습니다. 이거는 유전분석을 하는 사람들이 하는 영역이라 범용적으로 되어있지 않지만 이런 식으로 한다라는 거.

그리고 또 하나가 어떻게 보면 pseudogene, 가짜유전자를 이용하는 방법으로 우리가 실제로 DNA가 있다고 쳐서 orf finding을 하기 전에 언뜻 봐서는 ATG로 시작해서 유전자가 있는 것처럼 보여지는데 실제로는 나중에 서열을 분석해보면 아닌 경우가 꽤 있어 어떤 gene이 knock out돼서 사라져버린 경우, 돌연변이의 무서운 점은 돌연변이가 여러 가지 변화를 만들어내는 것은 사실이지만 그 중의 뭔가의 이유에 의해서 frame 하나가 빠져버리면 완전히 다른 단백질로 가버린다든지 또는 stop codon 하나가 끼어 들어감으로써 발현이 더 이상 안 된다는 지, 정상적인 유전자와 유사하긴 한데 실제로는 돌연변이 때문에 번역되지 않는 거야 아예 전사가 안 되거나 번역이 안 되는 거지 전사가 안 되는 경우는 promoter가 날아가 버리면 전사가 안 될 수도 있어 왜냐면 regulation 자체가 발현되는 쪽으로 regulation되는 게 아니라 발현이 안 되는 쪽으로 regulation될 수도 있거든 promoter가 돌연변이 되면, 그래서 보통 진핵생물에서 이런 gene들이 꽤 많이 있어 pseudogene이라고 해서 보통 종결코돈이 도입되거나 guest codon 자체가 변경되어서 ATG가 바뀌어 버리는 거야 그래서 아예 날아 가버리는 case들이 꽤 있다고 이것 때문에 잘 못 쫓아가는 경우들이 꽤 있다는 것을 알고 있으면 될 거 같다.

두 번째는 RNA가 만들어진다고 치면 RNA가 실제로는 풀어져 있는 게 아니라 2차 구조를 가져 hair loop structure라는 것을 본 적 있을 거야 원래는

제4장. 유전자 정보 활용에 대해

single structure DNA인데 상보성에 의해서 2차 구조를 만들어내는데 이런 걸 예측하는 프로그램들이 있어. MFold, Vienna RNA Package, RNA Structure, Sfold 이게 바로 2차 구조 예측 software이다.

Genome을 comparing하는 예를 들어서 사람 거나 마우스 거를 비교한다든지, 또는 e.coli나 salmonella를 비교한다든지, 이런 것들이 comparing 하는 거고 이거를 large scale에서 aligning하는 software로는 BLASTZ, LAGAN, AVID가 있다.

그다음에 이런 align한 거를 genome을 전체로 하는 것들을 PipMaker, mVISTA라고 하는 거야 조금 더 나가면 계통분석을 통해서 연결하는 프로그램 phylogenetic footprinting이 있다.

Microarray data들을 처리하는 데 단계가 있는데 microarray data를 모아서 이미지 processing을 하고 그때 가장 중요한 게 normalizing인데 통계적인 결과를 과장하지 않도록 한다.

보통은 single-color microarray experiment보다는 two-color microarray experiment를 하는데 그 이유는 따로따로 color를 하게 되면 뭔가 error가 들어갈 확률이 높은데 two color는 실험적으로 특정한 상황에서 주로 treated sample과 untreated control 두 개를 섞어서 한다든지, mutant와 wild type gene을 섞어서 하는 건데 이때 중요한 것은 바로 sampling에 대한 것이다. 설문조사와 같은 것처럼 sampling을 해서 어떤 비교를 할거냐가 중요한 이슈이다. 목적적으로 어떤 암과 정상세포를 비교한다는 것이 쉬운 것 같지만 잘못 sampling하면 잘못된 결과를 낼 수 있기 때문에 sampling을 어떻게 비교할 것인지가 중요하다. 첫 번째가 reference design인데 한 놈을 잡아넣고 상대 비교하는 것으로 많이 사용하는 방법이다. 기준하나 정해 놓고 평가를 하는 것이고 두 번째는 loop design으로 이건 돌아가면서 비교하는 것으로 상대적인 관계를 이용한다. 가장 많이 사용하는 방법이지만 상대적으로 ratio가 잘못된 해석을 나타내는 경우가 꽤 있다. 그래서 선호하는 reference가 있으면 이 방법으로 하지만 없다면 loop design방법을 쓰기가 어렵다. Loop design은 바로 측정할 수 있고 상대적으로 RNA 샘플을 많이 필요로 해 실제 bad sample에 대한 data들이 영향을 끼칠만한 확률이 있다. 그런데 reference design은 쉽고 RNA양도 적게 필요하지만 감도가 떨어진다. 따라서 적은 변화를 들여다보기에는 어려울 수 있다. 이렇게 장단점이 있다.

몇 가지 Basic한 microarray 실험을 할 때 기본적 원칙이 있는데 첫 번째가 biological replica 소위 무조건 횟수를 많이 하는 게 중요한 게 아니라 생물학적인 replica, 예를 들어 개체를 바꾼다든지 하는 게 더 의미가 있다. 두 번째는 replica가 반복되는 게 많으면 많을수록 당연히 좋다. Microarray 실험에 replica를 많이 사용하지 못하는 이유는 돈이다. Loop같은 걸 할 때, 가능하면 밸런싱을 할 때 Cy3나 Cy5, 하나는 빨간색 하나는 녹색이다, 혼성화를 비슷하게 맞추려고 노력해야 한다. 또한 self-self hybridization이 일어날 수 있기 때문에 error model을 생각하면서 해야 한다. 가능하다면 dye swap을 해라. 한번 바꿔서 실험을 해봐라. 한쪽은 빨간색, 한쪽은 초록색을 했다면 바꿔서 하므로 dye에 대한 편견을 줄일 수 있다.

이렇게 실험을 했다면 상대적인 형광성을 비교하기 위해서 gridding을 이용해서 자리 위치를 잡는 addressing, 영역을 잡는 segmentation 그리고 data extraction 과정이 있다.

위치를 잡는 addressing 과정이 중요한데 녹색과 빨간색을 비교해 정확한 위치로 조정해주는 역할로 microarray의 기계적인 문제로 벗어나는 경우에 샘플을 확인해주는 역할도 한다. 두 번째 segmentation을 하는데 가장 쉬운 방법은 fixed circle이다. 정해진 원을 찍는 것이지만 말처럼 쉽지 않다. 다른 방법으로는 Adaptive circle이다. 뭔가 그림을 그리는 방법으로 이렇게 adaptive circle을 만들고 adaptive shape을 하고 edge랑 signal과 background를 비교한다. 그 다음 histogram을 실제로 그려서 어디 까지를 잘라낼거냐 threshold값을 정해 놓고 잘라버리는 이런 방식을 segmentation이라고 한다. 이때 background를 결정할 때 여러가지 방식을 사용하는데 전체 intensity, 평균 intensity, 중간 intensity, mode 이런 걸 잡아서 거기 평균값을 가지고서 상대적으로 background를 잡는 거야 즉, 진한 부분이랑 옅은 부분 사이에서의 평균적인 어떤 형태로 통해서 상대비교를 통해서 결국엔 intensity를 정하는 수학적인 처리방법을 쓰는 거야. 보통은 up-regulation과 down-regulation을 상대적으로 비교하기 가장 좋은 log를 사용한다. 그다음에 중요한 것 중의 하나가 normalization, 정규화라는 건데 평균과 표준편차를 정규분포화시켜서 비교하기 위해서 하는 작업으로 상대비교를 통한 상대적인 비교를 할 수 있다. Normaliziton을 하는 이유는 처음 RNA양이 출발할 때 똑같지 않을 수 있고 labeling이 차이가 있을 수 있고 색깔에 따라서 detection하는 효율이 다를 수 있고 여러 가지 편견이 들어갈 수 있기 때문에 balancing하는 것이 필요하다. Normalization 방법은 여러 가지가 있는데 그중 global도 있고 local도 있는데 보통 local을 많이 쓴다. Systematic한 error들을 최소한 시키기 위해 local normalization을 통해서 각 요소별로 따로따로 하는 방법들을 사용하는 것을 말하는 것이고, 분산이라고 하는 건데 표준편차를 비교하는 것이 필요하다. 분산 결과가 나오면 평균이 있다고 치면 분산 표준편차를 normalization을 하지 않으면 실제적으로는 차이가 크지 않은데 큰 차이가 있는 것처럼 잘못된 결과를 내기도 한다. 분산 보정을 해줘야 한다. 그래서 예를 들어

제4장. 유전자 정보 활용에 대해

필요하면 아주 낮은 데이터들을 filtering해서 없애버린다던지 이러한 방법을 통해서 최소화시킨다. 그렇지 않으면 실제로는 생각보다 많은 error가 나오는 경우가 있다. 왜냐하면 실제로 잘못된 해석을 한 케이스들이 있는데, microarray실험을 했더니 암의 무슨 유전자가 많이 발현되었더라 알고 봤더니 상대적으로 샘플링의 에러라던지, 이미지 프로세싱하는 데서의 에러인 경우가 꽤 있다.

cDNA가 complementary DNA라고 하는 건데 그게 뭔지 cDNA에 대한 애니메이션 cDNA가 뭐냐면 Eukaryotic DNA가 있으면 엑손이 있고 인트론이 있고 영역별로 나눠져 있을 때 RNA polymeraze가 이쪽 사이드에 대해 complementary 해서 RNA를 만들어내, 그게 precursor messenger RNA이고 이 과정을 스플라이싱 그래서 만들어지는게 mRNA인데 prokaryote 경우는 실제로 인트론이 없고 최종적으로 메신저 RNA를 가지고 뭘 하느냐 single stranded DNA polymerase 라고 하는 걸 만들어서 double stranded DNA를 만들어내고 이게 바로 cDNA가 된다.

이것을 활용해서 여러 가지 목적으로 우리가 활용을 하고 있다라는 이야기를 잠깐 보여주고 있는 거야. cDNA library이런 얘기를 하고 있는거고 이제 cDNA가 어떻게 만들어지는가를 설명하고 있고 예를 들어서 여러분들이 어떤 tissue가 있다. Cell이 있다. 그러면 그걸 모아서 mRNA를 추출을 해 그리고 난 다음에 거기서부터 cDNA를 만들어내는 건데 이때 mRNA로부터 만들 때 EST라고 하는건 뭐냐면 mRNA가 있다는건 무슨 말이냐면 최소한 cDNA로부터 mRNA로 전사는 된다는 이야기지 다시 얘기하면 mRNA가 존재한다는 거 발현은 된다. 다시 얘기하면 protein으로 갈 수는 있다. 그래서 거기다가 의도적으로 tag을 하나 붙여 cDNA를 만들 때 이걸 EST라고 하는 거야. expressed sequence tag라고 해서 이걸 붙여서 그걸 가지고 시퀀싱을 해 서열을 읽어 들어서 아 그러면 여기서 확인이 됐다. EST에서의 DB에서 확인이 됐다, 이 얘기는 최소한 그 단백질은 그 gene은 발현은 된다는 거지. 그래서 보통은 500 내지 800 nucleotide만 sequncing을 하는 거지 나머지는 안해놔 그래서 약간의 서열이 에러가 있긴 하다.

그다음에 이런 것들을 확인하는 것이 microarray 기술이라고 하는 건데 microarray 기술은 핵심적으로 여기 cancer가 있고 Normal한 cell이 있으면 거기서 mRNA를 뽑아서 cDNA를 만들어 cDNA를 만들 때 한쪽에는 빨간 형광다이를 붙이고 한쪽에는 녹색 형광다이를 붙여 그리고 혼성을 해서 칩에 혼성화를 시켜 그래서 이걸 이미지화 하는 건데 이 과정을 보여주는 애니메이션 이건 뭐냐면 효모가 산소가 있는 환경과 산소가 없는 환경에서 자라는 것을 비교하고 싶어. 어떻게 하느냐 그거를 가지고 RNA를 추출을 해서 라벨링 해서 어떤 gene이 상대적으로 많이 발현되는가 적게 발현되는가를 비교하는 동영상이다.

시스템생물학 기초

중요한 건 이 PI 컨셉을 내가 잠깐 설명하긴 했지만, 예를 들어서 타이로신의 경우를 보면 타이로신은 알파 카본이 여기 있고 왼쪽으로 COO-H+ 안쪽이 NH3- 타이로신은 CH2 벤젠링에 OH거든 그래서 내가 미리 얘기하지만 여러분이 뭘 알아야하냐면 아미노산 20개의 구조와 sigle letter을 알아야 돼. 타이로신은 약자로 Y야 T는 한번 써먹었기 때문에 single letter로 history가 있다. 그러면 만약에 타이로신이 있다고 치고 여기에는 각각의 H가 떨어지는 지점이 있어 그걸 pKa라고 표현해 pKa라는건 Henderson-hasselbalch equation에 따르면 pH와 pKa가 똑같아지는 지점은 [A-]와 [HA]의 농도가 50:50이 되는 것 다시 얘기하면 COOH같은 경우는 두 가지 폼이 있지. COO-의 경우나 COOH 이렇게 두 가지가 있을 수 있는 거야 근데 일반적으로 pH가 4정도 영역이 되면 50:50이 되는 거야 만약에 pH값이 4보다 적다 그러면 H가 많은 상황이야 그러면 대부분 COOH로 존재할거라고. 만약에 pH가 4보다 크면 대부분 H가 부족한 상황이니까 COOH-가 더 많은 상황이겠지 다시 이야기하면 이 잔기는 pH에 따라서 전체적으로 charge가 없다가 -를 띠는 쪽으로 pH가 늘어남에 따라서 변화하는 거고 보통 NH3같은 경우는 pKa 값이 9정도 거든 9를 전반으로 해서 실제로는 H가 많은 상황 +로 되어있다가 charge가 없는 쪽으로 전환이 돼. 이 OH는 대략 9~10 정도 돼 무슨 얘기냐면 이 정도 근방을 중심으로 해서 정확한 거는 케이블을 보시면 정확한 값, 위치가 있어 어쨌든간에 그러면 이 경우는 H가 많은 상황에서 charge가 없다가 -를 띠는 상황이 돼 그러면 전체적으로 어떻게 되냐면 pH가 늘어남에 따라 + charge를 가지고 있다가 nutral을 지나다가 -가 1가 2가로 가는 거야. 전체적인 타이로신 하나만 가지고 얘기하는 거야. 그러니까 결국은 전하값이 +에서 -로 내려가는 과정중에 0이 되는 지점을 지나가는 그게바로 PI 그것을 단백질 전체에서 평균을 내면 나오게되는 그래서 그것을 계산하는 방법이 expasy 사이트에 가서 찾아 가지고 여기다가 서열을 집어넣으면 순전하량을 PI값을 계산할 수가 있어 예를 들어서 +에서 -로 가면서 이 전하량이 변하게 되는 지점 0이되는 지점 그게 바로 PI야 그래서 이걸 가지고 나누는 것이 isoelectric focusing이라고 하고 2D page로 이루어져 있고 이런 장점이 있고 이런 단점이 있다. 그래서 이거를 어떤 분자량을 측정하는 방법으로 가서 확인하는데 매스를 쓴다 매스의 원리 쭉 설명을 했었고 ESI, MALDI 이런 것들 통해서 장비들이 TOF 장비 특징들이 있었다.

최근에 칩기술 같은 것도 기술이 개발이 되어 있고 omics와 관련된 기술적 방법들에 대한 얘기들을 했다. 시퀀싱은 어떤 원리에 의해서 이루어지는가 이런원리에 의해서 print out되어 얻어지는 게 시퀀싱이라는 거고 DNA서열이 내가 동영상에서 설명하긴 했지만 Open reading frames이라는건 뭐냐면 DNA 서열이 있으면 그중에 결국은 protein으로 가는 부분을 이야기하는 거야 여기에 기본적인

제4장. 유전자 정보 활용에 대해

서열이야 이말의 의미는 알겠지. DNA 구조가 있으면 뉴클레오타이드 중에 디옥시리보스의 위치를 이야기하는 거야 OH가 5번 위치에 있으면 5번 위치고 연결이 되어있어 여기를 잘 보시면 원래 코돈은 3개 단위로 가는 거잖아 GGG ATC 이렇게 갈 수도 있고 하나를 끊고 갈 수도 있어 GGA TCG 이렇게 갈 수도 있어 이중에 ATG로 시작해서 스타트 코돈으로해서 연결된 것 그게 open reading frames이야 그다음 그게 그대로 mRNA가 되면 T대신 U가 들어가서 그거에 매칭되는 아미노산 그다음에 protein 이게 가장 기본적인 open reading frames 컨셉이다. ORF finder라는 걸 쓰게 되면 편하게 활용할 수 있어 근데 이거는 긴거에 하는 거야 기본 원리는 알아야 해 그래서 긴걸 안 준 것이다.

그다음에 genomics 중에 몇 가지가 있어 UCSC genome이라는 브라우저가 있어 사이트를 방문해보실 필요가 있고 그다음에 Ensemble이라는 사이트가 genomic에 인기가 많은데 유럽쪽에 있는 사이트야 그래서 이거를 기회가 있을 때 여길 한 번 서핑을 해봐 그다음에 GeneCards라고 하는거 이건 아마 한국것이다.

우리가 오늘 메이저로 하는 게 바로 NCBI인데 national center for biotechnology information이라고 해서 이걸 가장 많이 쓰는 거야 NCBI가 의외로 여러 가지 다양한 DB를 가지고 있어 일일이 다 설명하지는 않을거지만 그중에 대표적으로 쓰는게 protein과 Genomics gene과 관련된 건데 이게 기본적인 user guide가 있습니다. 나중에 자유롭게 쓸수있도록 학습을 해놓을 필요가 있어 Nucleotide DB부터 해서 protein, genome, gene, structure, homologene, unigene, 3D domains, GEO, blast, OMIM 들이 있어 여러분이 가장 많이 쓰시는 DB들이라 보면 돼 그래서 어쨌든 이게 왜 중요하냐면 우리가 새로운 유전자 예를들어 박테리아 중에 독도어쩌구하는 박테리아 새로운 생명종들에 대한 유전자 서열들을 안단말이야? 시퀀싱을 알았어. 어디다 리포트를 하냐면 ncbi 유럽은 앙상블 우리나라는 마칭카 그래서 DB에다 저장을 하는 거지 nucleotide도 있고 protein도 있고 각각 단계별로 있는 건데 그중에 중요한 게 pubmed인데 DB에 pubmed 라는게 있어 여기를 치면 내가 만약에 당뇨다 그러면 당뇨와 관련된 논문들이 떠 1988년부터 시작해서 그중에 예를 들어서 history of diabetes insipidus 이걸 알고 싶다. 그러면 이거의 총 초록이 나오고 어떤 저널이 했고 언제 이런 식으로 정리가 되는 거지 필요하면 full text까지 얻을 수 있는 거지 어쨌든 여러분들이 문헌정보를 얻고 싶다 그러면 두 가지 방법이 있어 펍메드를 쓰거나 구글을 쓰거나 구글에도 구글 스칼라라는 기능이 있어 여기다 만약 내가 검색을 하면 기능중에 스칼라가 어디 있는데 하여튼 이렇게 정보를 얻을 수 있긴 한데 메디신과 관련된 정보가 정리가 잘된 부분이 여기야 예를 들어 cancer와 관련된 정보를 얻고 싶다 그럼 검색을 하면 관련된 논문들이야 이런 식으로 문헌정보를 찾는다. 그다음

시스템생물학 기초

NCBI에서 DNA서열을 찾는 거 이건 어떻게 하냐면 NCBI의 DB를 바꿔야지 gene로 하던지 All DB로 하자고 단백질을 검색하면 전체 DB에서 서치한 결과가 나와 그중에 pubmed는 한 스무 개가 있고 보면 최근에 나와 있는 논문들을 보여주는 거지 여기 보시면 이게 냐야 이런 식으로 찾는 건데 유전자는 gene이라고 되어있어 이것을 클릭을 하면 gene에 대한 것들이 있어 호모사피엔스, 마우스가 있어 아 그리고 여러분이 학명을 잘 기억하셔야 돼. 유전자가 있고 human것을 찾고싶다 유전자 정보에 대한 것들이 쭉 나와 그중에 어디 크로모좀에 몇 번에 있고 유전자 구조가 어떻게 되고 실제로 어디에 발현되고 어떤 논문들이 관련되어져 있고 어떤 단백질이랑 상호작용을 하고 있다. 이 중에 하나를 클릭을 하면 mRNA서열을 찾을 수 있어 이 서열을 가지고 있는 mRNA서열이야 그다음에 protein은 이어서 하겠지만 어쨌든 이런 방법을 통해서 연습을 해야 되는 거고 이중 하나가 ORF를 찾는건데 NCBi에 ORF finder가 있어 만약에 CD이 단백질 서열을 복사를해서 붙여넣기를 하면 길게 하는게 일반적이야 이거를 클릭을 하면 이렇게 나온다고 이중에 가장 긴놈이 뭐냐 244개 아미노산이 있고 이것을 만들어내는 서열이 이거야 이거는 아마 여러분들이 실습을 했던거 같은데 그중에 하나가 cDNA ordering이야 옛날에는 일일이 다 끄집어내서 mRNA로부터 했는데 요즘은 이거를 어떻게 하냐면 cDNA를 팔아 보시면 어쨌든 필요하면 구글검색을 해도 돼. CTDMP1 gene cDNA clone이라고 치면 파는 데가 있어 여기서 보시면 아 여기 NCBI가 나오네 호모사피엔스의 cDNA를 오더링하면 돼 이 회사로 연결돼 벡터에 뭐가 있고 가격이 얼마고 보통 돈십만원에서 만원 단위로 해 원래는 oder cDNA라는게 있다. 이 용어들을 잘 기억해야 한다고 했어. EST, STS, GSS, HTG, HTC, WGS 이게 일종의 어떤 단계 가장 낮은 단계가 DNA있는 것 중에 하나가 EST야 아니면 좀 더 큰 단위로 넘어가는 그다음 이거는 mapping DB라 해서 genome과 연결해주는 DB이다.

DNA서열을 가지고 뭔가를 예측하는 방법들에 대한 것이다. 가장 기본적인 개념은 뭐냐면 마르코크 모델이라고 하는 건데 결국은 랜덤한 형태로 통계적으로 데이터 처리를 하는 모델을 말하는데 개념상으로는 날씨같은 걸 예를 들어보면 오늘 맑았다고 내일 흐리게 아닌것처럼 미래에 일어나는 일들이 현재상태에서만 어떤 아주 먼 그니까 예를 들어서 내일 비가 올거냐 말거냐가 얘에 의해서 결정나는거지 너무 먼거라은 연결이 안되는 것 이것이 소위 마르코 성실을 가진 확률이라고 하는 건데 그래서 기본 컨셉은 통계 얘기여서 길게 들어가진 않을 건데 중요한 건 그거야 오늘 얘기의 핵심은 서열이 있어 예를 들어서 어떤 실험을 했는데 서열을 얻었어 DNA 서열을 찾았다고 쳐봐 그러면 그 서열을 가지고 그게 어떤 gene인지를 알아내는 방법이 뭐가 있을까 아까도 설명을 했지만 독도에서 박테리아의 서열을 찾았다 얘가

제4장. 유전자 정보 활용에 대해

어떤 gene과 유사한가를 찾는게 우선이야 왜냐면 알고 있는 DB가 있으니까 유사성을 기반으로해서 데이터를 얻어 내는거야. 거기에 가장 핵심적 기술은 NCBI의 BLAST인데 일단은 gene의 기능에 대한 또는 서열이 가지고 있는 정체성을 확인하는 방법의 프로그램들이 대표적으로는 이런 것들이야 GRAIL, GeneID, GENESCAN, FGENES, GENEWISE 이외에도 수많은 프로그램들이 있어 예를들어서 여러분들한테 인터넷가서 아무데나 구글에 가서 Gene prediction program이라고 쳐봐 그러면 list of gene prediction software라고해서 되게 많아 나름대로 위키피디아에서 모아 놓은 소프트웨어 리스트들이야 그중에 첫번째 관심있는 영역 그게 어떤 단백질로 발현되느냐가 중요한 것 중에 하나고 하나는 뭐냐 프로모터라고 하는게 중요해 TATA 박스라고 하는 것은 들었지. 원핵생물들의 경우에 있어서 단백질의 발현을 조절하는 ATG의 앞에 부분에 많이 존재하는 TATA를 TATA 박스라고 하잖아 어쨌든 그거를 레귤레이션하는 서열들이 있다. 이것을 프로모터라고 하는거고 프로모션 증진시키는것 거꾸로 줄어들게 하는 것은 인히비터 또는 써프레서라고 해 어쨌든 그런 영역을 찾아내는 분석 주로 패턴을 이용해서 보통 ATG로 시작해서 얼마 앞에 있더라 이런 패턴을 이용한 알고리즘도 있고 또는 서열을 기본으로한 찾아내는 방법도 있고 이거는 유전분석을 하는 사람들한테 주로 하는 부분이라 그렇게 범용되어 있진 않지만 이런 식으로 한다.

다음 또 하나가 pseudogenes 가짜 유전자 이게 뭐냐면 우리가 실제로 DNA가 있다고 쳐서 ORF finding을 하기 전에 언뜻 봐서는 ATG로 시작해서 뭔가 유전자가 있는 것처럼 보여지는데 나중에 엄밀하게 서열을 분석해보면 아닌 경우가 있어. Gene이 사라진 경우 돌연변이의 무서운 거가 그거야 그중에 뭔가 이유에 의해 프레임 하나가 빠져버려도 완전 다른 단백질이 된다던지 stop codon 하나가 끼어들어감으로써 발현이 더 이상 안되든지 정상적인 유전자와 유사하긴 한데 실제로는 돌연변이 때문에 번역되지 않는 거야 전사가 안되거나 전사가 안되는 경우는 예를 들어서 프로모터가 날라가면 전사가 안될 수가 있어 그래서 어쨌든 보통 진핵생물에서 이런 경우가 많이 있어 보통 종결코돈이 도입되거나 게스트코돈이 변경되어서 그런 것들이 있다. 이것 때문에 잘못 쫓아가는게 꽤 있다.

두 번째로는 RNA가 만들어진다고 치면 RNA는 실제로는 풀어져 있는게 아니라 2차 구조를 가져 헤어루프 스트럭쳐로 해서 이렇게 생긴 것들 본 적 있을 거야 원래는 ssDNAdlsep 상보성에의해 2차구조를 만들어낸다. 이런 걸 예측하는 프로그램 실제로 Mfold, Vienna RNA package, RNA structure Sfole 이게 바로 2차 구조 예측 소프트웨어 그다음은 genome을 비교하는 사람이랑 마우스를 비교한다든지 이콜라이랑 살모넬라랑 이것들이 컴퓨터로 하는 거고 현 스케일에서 라지 스케일 여기 나오는 Blastz lagan avid가 있다. 이런 것들을 기억해두라고 그다음에 이런 align한 거를 pipmaker, mVISTA라고 하는 거야. 이게 큰 소프트웨어들 이게 좀 더 나가면 계통분석을 통해서 연결하는거까지해서 phylogenetic footprinting이야 그다음에 또 하나가 microarray data를 핸들링하는 건데 NCBi보시면 DB가 쭉 있고 dulqhtlaus pubmed free 인쇄가 가능한 blast가 있는데 blast를 클릭을 하면 이렇게 되어있어 blast의 full name은 basic local alignment search tool이야 nucleotide blast, protein blast 아마 이 두 개를 실제로 연습을 할 건데 12일 정도까지 보고 있으시라고 오늘 얘기는 microarray 실험을 했잖아 이렇게 해서 microarray expression을 해서 뽑아서 했어. 형광다이를 통해서 데이터까지 얻었는데 그러면 결국은 이 이미지를 분석하는 거야. 그게 되게 중요한 포인트가 되는거야 그 이미지를 분석하는데 있어서 단계들이 있는 거야 그 첫번째가 데이터를 모아서 그거를 이미지 프로세싱을 하고 그때 가장 중요한게 normalizing하는 게 중요한 거야 무슨 얘기냐면 옛날 초창기에 실제로는 되게 의미없는 데이터를 의미있다고 해석하는 경우가 있어 예를 들어 cancer cell과 normal cell을 비교를 했어 추출을 하는데 RNA isolation이 똑같다는 전제가 있어야만 비교를 할 수 있어 여러 가지 이슈들에 의해서 데이터가 과장된 경우가 꽤 있어요. reference을 보시라고 나중에 의외로 통계적 분석이 되게 중요한 것 중에 하나야 우리가 single color experiment를 하든 Two color experiment를 하든 Two color는 섞어서 한다는 뜻인데 보통은 Two color를 다이 합니다. 왜냐하면 따로따로 컬러를 하게되면 편차들이나 에러가 들어갈 확률이 높은데 Two color 특정한 상황 그때 중요한 것 중에 하나가 샘플링에 관한 것이다.

    예를 들어서 우리과 학생들한테 김영준교수님 잘 생겼어요라는 설문조사를 한다고 해봐 의도적으로 내가 내 말을 잘 듣는 우리 실험실 학생들만 데려다놓고 설문조사를 하면 결과 100%가 나올 수도 있겠지 무슨 얘기냐면 sampling에 대한 것 우리가 특히 설문조사처럼 여기도 뭔가 샘플링을 해서 어떤 비교를 할거냐 잘못 샘플링을 하면 잘못된 결론을 낼 수 있다는거지 그때 어떻게 샘플링 비교를 할거냐 하는거지 첫 번째가 레퍼런스 디자인한 놈을 잡아놓고 상대비교 하는 거야 가장 많이들 이렇게 하지 기준하나 잡아놓고 예를 들어서 잘 생겼다의 기준이 뭘까 누군가 하나를 세우는 거지 평균으로 컨트롤로 정해 놓는 거 장동건 대비 정해인 대비 그런 방식 이게 레퍼런스 디자인이라 하고 또 하나가 loop 디자인 이건 서로 돌아가면서 디자인 하는 거야 A와 B B와 C C와 D 실험을 그렇게 하는 거야 그렇게 해서 상대적인 관계를 들여다 보는거야 대부분은 이렇게 많이 합니다. 이러다 보니 조금 비율이 해석상 잘못된 해석을 나타내는 것들이 꽤 있습니다. 보통은 일반적으로 알려져 있는 레퍼런스가 있으면 이건 해 근데 그게 없으면 이 방법을 쓰긴 좀 어려워 loop 디자인은 바로 측정할 수 있고 여러 가지 데이터상에서 똑같은 혼성

제4장. 유전자 정보 활용에 대해

넘버라든지 상대적으로 RNA샘플이 많이 필요해 근데 레퍼런스 디자인은 감도가 떨어져 아주 작은 변화를 들여다보기엔 어려움이 있어 이런 식의 장단점이 있어 그래서 기본적인 원칙이 있는데 첫 번째가 일단은 biological replicas 소위 무조건 횟수를 많이 하는게 중요한게 아니라 생물학적인 레플리카 예를 들어 개체를 바꾸던지 그것이 더 의미가 있지 무조건 RNA를 어디서 뽑았는지가 중요하지 않다. 두 번째는 replicas가 반복되는게 많으면 많을수록 좋겠지 문제는 뭐냐면 micro array 실험을 많이 못하는 이유가 뭐냐면 돈이야 지금은 그래도 꽤 많이 줄어들었긴 한데 정확하게는 그건 아니야 아닌데 이렇게 생긴 칩이야 여기 안에다가 sample을 까는건데 내가 이거를 6개를 샀는데 그때 당시 600만 원인가 썼어 십몇 년 전에 무슨 얘기냐면 돈하고 연결되어 있다. 그다음 sample 숫자가 많아지면 장난이 아니야 그다음엔 loop 같은걸 할 때 가능하면 밸런싱 할 때 혼성화를 맞추려고 노력해야 한다.

그다음에 self hybridization이 일어날 수 있기 때문에 에러 같은 것들을 생각하면서 해야 한다. 가능하다면 바꿔서도 실험을 해라 다이를 바꿔서 자 그다음에 이렇게 해서 실험을 했어 상대적인 형광성을 비교하는거 아냐 그래서 이미지 프로세스를 하는거야 gridding, segmentation, data extraction 스텝이 있는데 자 이게 이미지를 찍는거야 1. Addressing 위치를 잡는거야 이게 되게 중요해 이게 의외로 생각보다 틀려지면 안된다고 2. Segmentation은 그다음에 픽셀을 잡아 이미지니까 위치를 잡고 어디까지가 백그라운드고 어디까지가 시그널인가를 정하는거야 3. Information extraction 추출을 한다는 거야 시그날을 비교하는 거야 먼저 registrstion 위치잡는거 되게 중요합니다. 왜냐면 녹색과 빨간색 비교하는 거잖아 이게 비교했을 때 맞지 않으면 다른 데이터인거야 말그대로 위치를 조정하는거야 그다음에 adressing을 잘못하면 뭐가 있냐면 샘플이 기계적인 문제 때문에 벗어나는 경우가 있어 그래서 그걸 확인하는 거고 두 번째 segmentation methods를 하는 건데 가장 쉬운 방법은 fixed 서클이야 정해진 원 정해놓고 그냥 찍는 거야 근데 그게 말처럼 쉽지 않아 그래서 adaptive circle을 써 뭔가 그림을 그리는거지 그다음에 adaptive shape를 하는 거지 그래서 점차 시그널하고 백그라운드하고 비교를 하는 거야 그다음에 히스토리맵을 그려 그리고 잘라내는거야 이때 백그라운드를 결정할 때 여러 가지 방법을 쓰는데 total intensity, mean intensity, median intensity을 잡아가지고 거기 평균값을 가지고서 상대적으로 배그라운드를 잡는거야. 즉 진한 부분이랑 옅은 부분과의 평균적인 상태를 통해서 intensity를 정하는 이런 식의 수학적 처리방법을 쓰는 거야 보통 상대비교를 할 때 red랑 green을 요롷게 비교하는 방법도 있지만 보통은 로그를 씁니다. 왜 그러냐면 up regulation과 down regulation을 상대적으로 비교하는 가장 좋은 잘못하면 잘 안보이는 경우가 있거든 그래서 로그를 보통 많이 쓴다. 그다음에 중요한게 normalization이라는건데 이게 뭐냐면 정규화 예를 들면 A반의 성적은 얼마고 표준편차는 얼만데 분포가 나타날 때 정규분포화시켜서 비교하기 위해서 정규화라는 작업을 하는 거야 상대적인 비교를 할 수 있게끔 그게 여러 가지 이유들이 있습니다. 처음 RNA의 양이 똑같지 않을 수도 있고 라벨링이 차이가 있을 수 있고 디텍션하는 효율이 다를 수 있고 편견이 들어갈 수 있기 때문에 이것을 최소화시키기 위한 정규화가 필요한 것이다.

source라는거부터 보면 단백질을 검색하면 유전정보랑 해서 어디에 function을 갖고 있고가 나와 중요한 건 어디에 어느 정도 비율로 깔려져 있다. 이게 바로 micro array 결과로 얻어진 데이터를 모아서 여기다 놓은 거야 그다음에 DAVID라는 건데 여기에 geo term들이 있어 여기 들어가서 찾으면 되는데 여기에 들어가서 보시면 될 거 같고 resourcer이라는 건데 어쨌든 이거는 resortser에 관한 것 그다음에 gene ontology라는게 있는데 이게 어디냐면 유전자의 종에 대한 것들을 찾을 수 있어 단백질을 검색하면 어떤 것과 관련되어져 있는가 해석에 관한 정보를 찾을 수 있어 pathway DB와 pubmed이다.

중요한 건 NCBI의 GEO profiles 단백질 서치를 하시면 이런 식으로 데이터들이 쭉 있어 어떤 micro array 데이터를 얻었는지 상대비교하는 이런 식으로 데이터가 여러 개가 보여지는 이제 중요한 거는 biogps라는 건데 보시면 이 사이트를 알아둘 필요가 있어서 여기에 단백질을 서치를 하시면 이렇게 나와 이중에 휴먼진에 대한 픽을 하시면 그림이 쭉 나와 어디에 상대발현을 하고 있는지 이런 식으로 이미지가 나와 있고 이것도 datasheet를 바꾸고 싶으면 바꿀 수 있어 그다음에 대장암세포에서 많이 나온다. 이런 걸 보여주고 이거는 마우스 실험이고 실험한 결과를 데이터화시키고 특히 이런 방식으로 우리가 micro array를 직접 하지 않아도 정보를 얻을 수 있다는 거 이것은 알아두고 여러분들이 실습을 할 때 무엇을 의미하고 있구나를 알아야 한다. 오늘 얘기의 가장 포인트는 어쨌든 micro array data를 어떤 식으로 해석하는지에 대한 부분하고 그 결과를 가지고 데이터를 찾아서 활용하는 것이다.

제5장 단백질 정보 활용에 대해

전체적인 이야기는 protein과 관련된 기초적인 얘기이고 그와 관련된 개념을 설명할 것이다. 용어, 개념을 잘 이해해두어야 한다. Proteomics란 protein에 대한 전체적인 형태, 구조를 large scale로 study하는 것, 단백질에 대한 전반에 대한 것이다.

대장균은 DNA가 4,200만 개가 되고, 사람은 30억 개가 된다. 따라서 대장균은 단백질이 5,000개이고 protein modification까지 합하면 그 이상이 된다. 사람은 약 8만 개 정도가 되고 alternate splicing은 40~50만 개 정도가 되고 modification까지 하면 200만 개 정도 된다. 기술이 발달할수록 그 구조를 더 잘 예측할 수 있다. 그렇다 하더라도 omics에서 봐도 대장균 protein을 잘 들여다보는 썩 좋은 방법은 없다. 따라서 인간의 protein을 동시에 보는 것은 불가능하다.

단백질이나 유전체의 데이터를 수집하고 알고리즘화 해서 그들 관계의 네트워크를 분석하는 것이 시스템생물학이다.

시스템생물학을 하기 위해서는 데이터가 만들어져야 하는데, DNA는 마이크로어레이기술로 나오게 되고 protein은 protein에 대한 데이터가 나와야 한다. 그 데이터를 어떻게 만들어 낼 것이냐는, 양적 관계, 질적 관계에 대한 방법론이 있다. 양적 관계는 2-DE라는 기술이 있는데 아직 확실히 정립된 것 아니다. 질적인 측면은 질량분석(Mass)라는 장비가 그 역할을 한다. 2-DE 기술로는 아직 수백 개 정도만 가능하기 때문에 제한적인 상황을 극복하는데 노력이 필요하다. 정성적 정보는 mass를 통해 그것이 무엇인지를 확인하는 과정을 거친다.

단백질이란 proteios(중요한, 근원의)라는 어원에서 왔다. 단백질에서 단은 계란을 의미한다. 따라서 단백질은 계란에 있는 하얀 물질로 해석할 수 있다. 이는 중국을 통해 유래했다. 단백질은 아미노산이 20개 이상의 펩타이드 결합으로 이루어져있다. 그렇게 만들어진 결합의 형태는 폴리펩타이드라고 한다. 단백질은 효소로서 촉매적 역할, 항체로서 면역적 역할 등등으로 이루어져 있다. C, H, O, N, S, 경우에 따라서는 P까지 있다. 세포막 등의 세포기관을 구성하며 효소, 호르몬 등의 성분으로 생체 내 각종 화학반응, 생리기능 조절, 근육, 헤모글로빈 및 항체를 구성한다. 에너지원으로서 1g당 4Kcal의 열량을 가진다. 조성에 따라 분류하면 단순

시스템생물학 기초

단백질과 복합 단백질로 이루어져 있고, 단순 단백질은 아미노산으로만 이루어진 단백질이다. 대표적으로 달걀 흰자에 있는 알부민, 달걀 노른자에 있는 글로불린, 뼈나 피부에 있는 콜라겐이 있다. 복합단백질은 인단백질의 우유에 있는 카세인, 위액에 있는 펩신, 핵산 단백질의 염색체에 있는 디옥시리보 핵단백질, 리보솜에 있는 리보 핵단백질, 당단백질의 뮤신, 색소 단백질의 적혈구에 있는 헤모글로빈, 근육에 있는 미오글로빈이 있다. 이런것들에 의해 단백질을 나누어 볼 수 있다.

단백질의 기능은 효소, 호르몬, 수축단백질, 운반 단백질, 방어 단백질, 구조 단백질이 있는데 호르몬의 대표적인 것으로 인슐린, 마이오신이나 액틴, 튜블린과 같이 근육 단백질, 무언가를 운반하는 헤모글로빈, 미오글로빈, 혈청알부민이 있다. 방어 단백질은 면역 단백질들로 트롬빈, 피브리노겐, 면역글로불린이 있고 콜라겐, 엘라스틴이 있는 구조 단백질이다. 구조에 따른 분류로는 구형 단백질로 효소, 혈장 단백질, 세포 단백질이 있다. 단계적으로 원자, 아미노산, 2차구조, 초월 2차구조, 도메인, 3차구조, 4차구조가 있다. 1차구조는 아미노산의 서열, 2차구조는 루프구조, 초월 2차구조는 알파알파알파, 베타베타베타같이 2차구조가 모여있는 것이다. 3차구조는 선형 단백질, 구형 단백질이 있다. 4차구조는 소단위 3차 구조체의 집합이다. 아미노산 20개의 single letter 약자와 구조는 반드시 기억을 해야한다. 20개를 대체적으로 나눌 때, nonpolar 한 것, polar한 것 중에 acidic한 것, polar basic한 것, polar하지만 전하가 붙어있지 않은 것으로 해서 크게 보면 4개의 그룹으로 나눌 수 있다. 최근에 밝혀진 바로는 2개의 추가적인 아미노산이 있다. S 대신에 셀레늄이 들어간 것으로 산화가 잘된다. 특정 박테리아에서 스탑코돈인 UAG에서 발현하는 것으로 알려져 있다.

아미노산의 경우는 갖고 있는 특징은 거울상 이성질체, 광학이성질체로 생체 내에는 L-form이 있다. 양쪽성의 +, -를 모두 가지고 있다. 전기적 쌍극자가 있다. 가운데 있는 것은 알파카본, 카르복실엑시스가 있다. 구조적인 cis와 trans 구조에 의해서 isomerization이 일어나고 생체적인 기능과도 연관되어 있다. Collagen은 glycine과 proline이 있고 추가적으로 hydroxyproline, hydroxylysine으로 만들어지는 구조적으로 3중 나선구조이다. 아미노산의 기본적인 특징들은 1문자 코드를 알아야 한다. 전체적으로 non-polar한 그룹이 있고, charge를 가지고 있는 acdic한 것이 있고 basic한 것이 있다. 필수 아미노산이 있고 비필수 아미노산이 있다. 아르지닌과 타이로신, 티민 등 별표 쳐 놓은 것은 영유아기때에는 따로 섭취가 필요하다. 필수 아미노산은 몸에서 흡수가 안되고 먹어야만 하는 것이다. 아미노산이 만나서 만들어 내는 것을 폴리펩타이드 본드라고 하고, CH2와 NH2가 만나서 물이 빠져나오는 펩타이드 결합이다. 왼쪽은 아민, 오른쪽은 카복실 그룹이 있다. 펩티드

제5장. 단백질 정보 활용에 대해

결합은 CONH결합이다. 이 결합은 판구조로 이루어져 있고, 알파카본 중심으로 회전각도에 따라 다르다. 번역과정을 통해 만들어진다. Disulfide 본드는 가교결합이라고도 한다. 단백질의 3차, 4차 구조를 안정화하고, SH OH라고 한다. DTT, TCEP를 이황화결합이라고 한다. 단백질의 평균 분자량은 아미노산은 138이다. 거기서 18(물 분자량)을 뺀 110이라고 계산한다. 대략 300개의 아미노산 분자량은 3300이라고 한다. expasy에서 각각의 분자량과 PI를 구해볼 수 있다. pI는 Henderson hasselbalch equation을 통해 유도할 수 있다. [HA]와 [A-]가 일치하는 상황에서 시작한다. 염기성은 라이신, 히스티딘, 티민이 있다. pI는 데이터를 기반으로 평균적으로 계산한다. PH가 높은 영역으로 갈수록 전체적인 charge가 변화한다. 단백질을 분리하는 실험을 하게 되면 isoelectric focusing이 되므로 예측이 되어야 한다. 따라서 그를 위해서 expasy에 들어가면 그에 대한 값을 구할 수 있다. Codon은 외울 필요는 없고 정지 코돈은 uaa, uag, uga이다. 코돈 선호도라고 하는데, 이를 데이터 베이스로 만들어 놓은 것이 kazusa이다. 그 외에도 GCUA가 있고, Kegg가 있다. 번역 후 변형과정에서 대표적으로 이야기할 것은 posttrasnslational modification이다. serine이나 threonine에 가서 하는 5glycolation이다. 인산화는 phosphate 그룹이 가서 붙는 것이다. 단백질 그룹들은 드라마틱한 구조 변화를 많이 만들어낸다. 타이로신과 관련된 sulfate들이 있다. 메틸레이션은 CH그룹이 가서 붙는 것으로 미세한 변화를 일으키지만 여러 기능을 하고 후생유전학 파트와 연결이 되어 연구가 진행되고 있다. Cancer, host defenser 등이 있다. 아미데이션은 주로 하이드록실 그룹과 관련되어 있다. 하이드록실레이션은 OH그룹이 붙는 것으로 암과 관련된 연구가 진행중이다. 락탐구조도 만들어낸다. 앨라스틴은 가교 결합을 통해 고무처럼 펩타이드 간 탄력을 부여한다. 고무적 성질을 보여주기 위해 desmosine formation을 통해 보여준다.

    Mass 분석을 할 때 단백질 절단에 대해 알아야 한다. 절단 방법으로는 크게 2가지가 있다. 화학적 절단, 효소적 절단이 있는데 효소절단에는 특이적, 비특이적 절단이 있다. 그것에는 위치에 따라 endopeptidase, exopeptidase가 있다. 화학적으로는 산염기 분해가 있다. 단백질을 hydrolysis하는 방법은 cell 안에서 하는 방법 중에 메사이온의 S가 친핵성 공격을 통해 재배열 과정을 통해 메사이오닌 옆 위치가 잘린다. Cleavage는 메사이온의 존재 유무를 알아낸다. 이 외에도 펩티드 맵핑이 있다. 맵핑을 할 때 변형과정을 할 때 움직이고, 어디에 변형이 일어났는지 확인한다. 효소적인 것들로는 상업적으로 알려진 것들이 있다. 트립신은 lys, arg가 있다. 그 예로 엔도펩티데이즈, 엑소펩티데이즈가 있다. 펩타이드를 트립신 절단을 이용해 분석하고 CNBr 절단을 이용해 분해하면 맵핑을 통해 펩티드 서열을 알아낼 수 있다. Mass를 통해 확인하는 방법은 tryptic mapping, peptide mapping

이라고 한다. 단백질 구조를 분석할 때 1차, 2차, 등이 있다. 1차는 서열순서이다. 2차구조는 알파, 헬릭스등 3차원 적 모양으로 이루어진 것으로 수소결합이 들어가 있다. 베타시트는 두 체인 간 수소결합을 하게 되고 위, 아래로 되어있다. 비단과 같은 것에 많이 나타난다. Triple helex는 삼중 헬릭스를 만든다. Primary는 B에 해당되고 2번은 C에 해당되고 3번은 A에 해당되고 4번은 D에 해당된다. 3차 구조는 공간상에서 일어나는 모양이다. 이오닉, 다이설파이드 본드, 수소결합, 소수성 결합에 의한 분자간 결합이 있다. 1번은 B, 2번은 C, 3번은 A, 4번은 D이다. 단백질은 모양에 따라 구형모양, 섬유상 모양, 구모양이 있다. Fiber 모양의 단백질들도 볼 수 있다. 4차구조는 4폴리펩타이드들이 모여서 만들어진다. 1차 구조는 B, 2번은 A, 3번은 D, E, 4번은 C이다. 1차 구조는 서열, 2차 구조는 그것이 모여서 만들어내는 구조, 3차 구조는 그것들이 모여서 만들어내는 3차원적 공간상의 모양, 4차 구조는 그것들이 모여서 만들어 내는 것이다. 단백질 구조를 예측하는 것이 생화학자들의 목표이다. 알파폴드2라는 프로그램이 만들어지면서 예측이 쉬워졌다. 전형적인 헬릭스 구조를 예측한 예이다. 알파헬릭스는 right haded helix이다. 헬릭스는 실제론 dipole인데, 3종류의 헬릭스가 있다. 알파헬릭스는 3.6마다 회전하는 것이고 310-나선은 3마다 회전하는 것, 파이나선은 4.4마다 회전하는 것이다. 구조적으로 보면 hydropolic한 것이 있다. 알라닌으로만 이루어져 있는 구조도 있다. 알파헬릭스 capping은 각 capping적 특징이 있다. N-terminal capping에는 어떤 특징이 있는지 등을 알아낼 수 있다. 막 단백질의 helix는 막에 노출되므로 하이드로포빅한 구조를 가지고 있다. 그 나름의 예측을 하는 것을 쓰고 있다. 막 단백질은 구조의 차이가 있다. 양쪽성은 한쪽 끝은 +, 한쪽 끝은 -이다. 적절한 형태의 kink구조가 있어 중간에 꺾인 구조를 만들어내 전체적인 구조를 만들어낸다. N터미널과 C터미널이 쌍극자를 만들어낸다. 그것은 헬릭스 안에 아마이드 본드가 한쪽은 -, 한쪽은 +를 만들어내므로 그것이 모여서 만들어내는 것이 펩타이드 구조이다. 그들이 만들어내는 구조적인 차이도 dipole이 +, -가 있는 구조가 만들어진다. 개념적으로 이해할 수 있는 것 중 하나가 helical wheel인데, 이는 위에서 봤다고 생각하면 된다. 1,2,3,4,5,6,7,8 순으로 그림이 그려져 있기 때문에 하이드로포빅함을 파악할 수 있다. 이를 예측하는데 사용한다. 베타시트는 2가지 종류가 있는데, 안티페럴이 반대 방향으로 가는 것이고 페럴은 같은 방향으로 가는 것이다. 안티페럴은 수소결합이 타이트하게 맞는 것이다. 페럴은 갔다 왔다 하므로 풀려 있는 형태가 만들어진다. 베타시트 중 thioredoxin구조가 있는데, 휜 형태, 타이트한 형태 모두 존재한다. 헬릭스와 시트 구조가 있고 트리플 구조가 있듯이, 트위스트는 조그맣지만 살짝 어긋나있는 형태이다. Burgles는 실제로는 풀려 있다. 이는 prion protein은 광우병 단백질로, 이는 단백질의 sheet 구조나 helix 구조가 깨지면서 뇌에 침전되어

제5장. 단백질 정보 활용에 대해

생긴다. 질병과 관련된 원인도 찾을 수 있다. 헬릭스, 시트구조가 있는데 그를 서로 연결해주는 지점이 랜덤, 턴, 루프구조가 있다. 타입 1, 타입2, 타입3가 있다. 다양한 형태의 모양들이 존재한다. 알파는 4번째랑, 베타는 3번째랑, 파이는 5번째랑 연결된다. 감마턴은 2번째랑 연결된 것이다. 타입 1 턴은 3번재랑 연결된 형태로 턴이 만들어진다. 타입 2는 세 번째이지만 각이 다르게 나오는 것이다. 타입 3은 베타 턴 중 다른 형태로 만들어져 있는 것이다. 1, 2, 3은 타입이 다르게 나타나고 구조적인 것이 다르게 나타난다. G-프로테인에서의 구조가 구조적인 변형을 만들어 내면서 질병의 원인이 되기도 한다. 따라서 구조적인 안정성이 중요하다. 턴은 2차 구조의 접힘 현상을 할 때 folding nucleus일 때 만들어진다. 도메인은 독립적인 구조이고 모티프는 이어진 구조이다. 3차 구조의 하나의 유닛들을 도메인이라고 볼 수 있다.

라마참플러 플랏은 CONH그룹일 때, 회전 각도를 플러스 마이너스 180도를 했을 때 두개의 평면 각도를 표현한다. 도메인보다는 작은 개념이다. 이것이 만들어내는 많은 타입들이 있다. 베타 알파 베타도 오른손 방향, 왼손 방향으로 가는 것이 있다. 단백질 구조 체계를 나눠보면 class, fold, 위성학적 형태인 superfamily, family가 있다. 알파만 있는 것, 베타만 있는 것, 알파 + 베타인 것이 있다. 그 fold를 모아놓은 DB들이 있는데, scop, cath가 있다. Scop는 inspection 되는 것을 서치하는데에 쓰여진다. FSSP는 달리와 연결되어 구조적 변형을 만들어낸다. PClass도 찾아볼 수 있다. 알려진 단백질로 구조를 보면 베타로만 연결된 것이 많고 다양하다.

프로틴 도메인은 진화적 관점에서 보면 유닛처럼 이루어진 것이다. 단백질은 유닛이 된 것이고 따로 떼어도 독립적 기능을 할 수 있다. PTB는 타이로신에 인산화 되어서 연결하는 도메인이다. C도메인이 어떤 기능을 하는가는 모듈적인 측면, 등 진화의 컨셉에서 중요 역할을 하는 것으로 알려져 있다. 최근 많은 연구를 통해 많은 데이터들이 쌓여져 있다.

Reference Sequences 변종에 2종류가 있다.(코로나 virus)

Proteomics (단백체학)

단백질은 실질적으로 액션과 행동을 하는 것이다. 질병에 원인은 dna와 단백질이 행동 대장 느낌이다. 많은 약들이 단백질 관계로 만들어진다. 타이레놀은 아세트아미노펜은 주 원료로 app기능으로 해열제 기능을 한다. 열이 나는 경우는 염증 유발로 열이 발생한다.(virus 나 외부에서 들어온 균을 killing으로 인하여 열이 발생한다.) 염증 유발 효소 중에 cox-1효소가 존재한다. 프로복산 프로스타딘글라딘

등 호르몬 유발 물질을 활성화한다. 염증을 유발하는 물질을 합성하는 역할을 한다. 아세트아미노펜은 cox-1 효소 활성 물질을 막는다.(소염 역할을 한다.) 염증 제거를 한다.(해열 작용) 효소 하나에 특정 처리하는 것을 약에 기본 개념이다. 부작용은 위벽에 문제, 피가 안 멈춘다, 혈액 응고 작용에 문제가 있다. Omics 분야는 단일 현상에서 단일 타겟팅을 하는 것이 아니라 전체 분야를 포괄적으로 이해하려는 것이다. 이것을 시스템생물학이라고 한다. Protein sequence(dullard) 단백질 서열을 알아야 한다. 유전자에 정보를 알아본다. 244개에 서열이 나타나 있다. 단백질 서열 찾기는 DDBJ/EMBL/Genbank에서 찾는다. Ac(acadamey) org(기관) 각 나라 홈페이지 주소 의미

    DB에 리프팅하고 확인작업을 거친다.

    Reference sequence는 따로 정리가 된다.(따로 확인이 되었다.) 〈ncbi가 많이 쓴다.〉

Uni(하나라는 뜻이다.)〈expay가 쓴다.〉

Nonredundant reference DB: uniref 가 쓰인다.

www.expasy.org uniport 관련 comment를 이용하여 사용 가능하다.

당뇨와 관련된 것을 데모로 알 수 있다.

Uniprot을 search 하여 결과를 알 수 있다.

Hamap: 균류들

Swissvar: 변종들(단백질 modeling)

Viral zone: virus 단백질

Enzyme(효소 명명)

Protein에 특징을 분석

Vizualisation, dna → proetein 전사와 역전사, 유사성 찾는다.

Topology

반복적인 서열이 어디 있는가? 통계적으로 어떻게 되었는가? 색깔

Disorder 어디에 문제가 있는가?

제5장. 단백질 정보 활용에 대해

NCBI: A protein Sequence Finding

단백질 서열을 찾는다.

NCBI에서 sestrin1을 검색 〉 li gene pro gene clinical pub

Pubmed 검색 〉 관련 문헌 정보를 찾을 수 있다.

Gene 〉 유전자 정보

Geo profiles 〉 어떤 상황속에서 단백질 발현이 어떻게 되는가?

유사 단백질

Conserved domain PA26-P53 도메인 identical protein group

Omim: 유전적 질병에 사례를 모아 둔 곳

Fasta formation을 이용하여 단백질 서열을 찾을 수 있다.

(m)RNA에 발현을 되지만 번역이 되지 않는다. 단백질에 PROTEIN에 서열을 찾는다.

PROETIN에서 sestrin 1HOMO SAPIENS을 검색해서 FESTA를 통하여 단백질을 찾는다.

GENPEPT 처음으로 코딩된 DNA서열

Protein을 찾는 방법 festa에서 protein서열을 찾는다.

서열을 찾으면 expasy에서 prosite saps protscale 6개 정도 연습한다.

단백질 구조를 예측하는 경우

단백질 1차 구조는 아미노산과 아미노산에 결합

단백질 2차 구조는 helix 구조 병풍 구조 나선 구조

단백질에 구조를 알아야 하는 이유?

단백질은 구조에 따라 활성이 다르기 때문에 단백질 구조를 알아야 한다.

탈리도마이드 사건-세포를 죽이는 역할을 하여 기형아 출산을 일으켰다.

단백질 구조에 따라 어떤 현상이 발생되는가?

시스템생물학 기초

단백질이 안보이기 때문에 보이는 방법을 찾아야 한다.

왜 우리는 구조에 관심을 가져야 하는가?

단백질 3차 구조에 관심을 가져야 한다. 기능과 구조에 상관관계를 알 수 있다.

1차 구조는 단백질 서열로 구조를 알 수 있다.

단백질 3차 구조를 알 수 있는 방법은 빠르게 알 수 있다.

2차 구조는 알파 helices와 sheets 구조. Loop 구조

2차 구조는 Ramachandran plot 개념을 이해해야 한다.

알파 카본에 2가지 각도로 평면으로 회전을 한다.

Side chain이 R기 너무 크면 충돌이 일어난다.

각도에 따라서 beta sheet와 alpha helix 구조를 구분할 수 있다.

왜? 어떤 서열은 다르게 나타나는가?

연결된 상황에 따라서 2차 구조를 다르게 나타난다.

상황에 따라 이해하는 것이 2차 단백질 구조를 이해하는 것에 시작이 된다.

2차 구조 예측은 1950년대 1960년대에 실험을 하였다.

Chou-fasman/gor method 을 이용하여 알아냈다.

수천 수백 가지에 구조를 조사하여 아미노산에 따른 확률을 조사한다.

Pro glu alpha helix 구조에 강하게 나타난다.

확률을 집어넣어 계산한다.

Chou-fasman 계산은 맞았지만 맞는 경우가 50~60% 맞지만 틀린 경우가 등장한다.

전세계 모든 단백질을 알 수 없어서 한계점이 있다.

Sheet 구조가 잘 맞지 않았다.

Gor-2차 구조 예측에 대표적인 프로그램이다.

Gor hnn submit을 하면 2차 구조를 예측할 수 있다.

제5장. 단백질 정보 활용에 대해

3차 구조 예측은 전체를 예상하는 것이 어렵다.

3차 구조 보는 방법은 전자 현미경 원자 현미경을 이용하여 본다.

X선을 사용하여 볼 수 있도록 한다.

크리스탈 같은 규칙적인 배열을 가진 것을 x-ray 쏘이면 규칙적인 구조가 나온다.

회절 패턴을 알아내면 전자 밀도를 알아낸다.

로저 콘버그 제임스 왓슨 과자학자들이 알아낼 수 있었다.

구조를 어떻게 예측하는가?

왜 단백질 3차 구조를 어려울까? Hydrophobicity 수소성 문제가 있다.

Levithal paradox 알아본다. 레빈탈의 역설 단백질에 폴딩 과정을 해석하는 것이 어렵다 .

레빈탈의 역설은 무엇인가?

이황화 결합이 가지고 있는 특이성 때문에 3차 구조 예측이 어렵다.

Alphafold DB를 했는데 예측한 단백질 구조가 맞다.

단백질 구조를 예측하는 것이 어렵다.

1차 구조 : 알파-helix나 베타-sheet같은 것
3차 구조 : 그것이 모여 연결되어 있는 구조이다.
1차 구조로 2차 구조를 예측하는 방법을 말할 때 choy-fasman/gor methods를 사용한다.
기존의 데이터를 이용한 확률게임과 같다.(맞는 경우도 존재하지만 틀린 경우도 존재)
이번 시간에는 3차 구조와 4차 구조를 이해하고 그것을 예측하는 방법을 배운다.
단백질의 3차 구조를 알기 위한 이유?
단백질도 어떤 모양을 가지고 있는지에 따라 그것에 의한 작동하는 패턴이 다르다.
ex) 아세트 아미노펜의 작동기전은?
      타이레놀의 성분의 아세트 아미노펜이 어떻게 해열제로 작용하는가. cyclooxygenae와 같은 효소는 염증을 발생할때 호르몬을 만들어내는 효소이고 염증에 관련된 효소에 발현된다. 이 효소가 아세트 아미노펜이 활성을 떨어트려 열을 만들어내는 물질의 생산량을 줄인다.
      단백질의 구조를 알게 되면 특별한 기능을 알기 위해서 key/lock처럼 맞는

시스템생물학 기초

것을 집어넣었을 때 저해제가 되고 조절제가 되어 약으로 작용할 수 있는 것이다. 최종적으로 3차원적 모양에 대해 알 수 있고 이를 통해 신약을 개발하고 조절반응을 찾아낼 수 있게 한다. 4차 구조는 예를 들어 헤모글로빈처럼 4개의 덩어리가 같이 움직이며 효율성이 좋아지는 것.

분자를 보는 방법에 대해.
단백질의 모양을 3차원적으로 본적이 있는가? 없을 것이다.
물분자도 볼 수 없을 것이다. 우리가 볼 수 있는 영역은 가시광선 영역. 하지만 분자나 단백질은 나노미터 이하 정도 $10^{-9}m$ 정도의 아주 작은 크기를 가지고 있다. 그렇기에 이를 보기 위한 방법이 따로 존재한다. 어떻게 볼 수 있을까?
1. x-ray결정학(cryo-em: 최근 아주 극히 낮은 온도에서 보는 전자현미경 기술 개발됨)
2. 전자 현미경
3. nmr사용
4. 원자 현미경(실제로는 나노물질과 같은 무기물과 많이 연결 단백질과는 많이 적용되진 않는다.)

위가 분자를 보는 방법들이다.
오늘은 x-ray 중심으로 볼 것.
화소에 차이가 있다. pixel 차이가 난다. 많을수록 선명하고 깨끗한 사진.
x-ray는 전자파이다. 또한 물분자나 단백질은 나노미터 수준의 물질이 많다. 즉 화소가 많아야 한다. 여기에서 왜 회절을 이용해야 하는가?
회절이란 규칙적인 point가 존재할 때 꺾이는 현상이다. 이것이 결정구조, 즉 규칙적 배열을 하는 크기 위치 사이즈에 의해 패턴이 나오게 된다. 이 규칙에 의해 방향이 정해진다. 즉 모든 방향이 아니라 특정한 부분에 의해 점이 찍히게 되고 이것은 수학적 방법으로 인해 전자밀도 지도로 나오게 되고 이는 다시 분자구조로 나타내게 된다.
〉 결정이 만들어져야만 실험이 가능하다.(단백질구조학에서 어려운 부분)
nmr은 결정이 필요 없지만 대신 동위원소에 관한 단점이 있다는 것도 있다.
이렇게 분자구조를 알아낸다.
대표적으로 제임스 왓슨 크릭 double helix 구조, 라이너스 폴링의 helix 베타 strand, 막스 페루즈, 존 켄드루의 단백질 분자구조, 로져 콘버그의 단백질 구조가 있다. 우리나라에는 z dna단백질 구조 등을 위 실험으로 진행했다.
얼음을 얼렸을 때 규칙적으로 어는 것처럼 단백질도 비슷해야 하지만 규칙적 배열을

제5장. 단백질 정보 활용에 대해

가지기 어렵다. 작은 분자는 쉽지만 큰 분자는 어려웠다.
모델링 기술이 발전했다.
먼저 3차와 4차 구조를 이야기할 때 알아야 할 것은
3차 구조는 단백질이 있을 때 내부에 있는 것은 소수적 작용에 의해 이루어지는 것(hydrophobicity, 이화구조와 같은)이다.
〈levithal paradox〉
단백질이라고 하는 구조는 왜 이러한 구조를 가질까?
에너지적 입장으로 보면 가장 안정된 구조라기 보다는 약간 살짝 에너지적으로 높은 상태에 있다. 이는 단백질의 folding에 의해 생긴다.
이런 식의 단백질 구조를 시험하면서 이런 구조들이 db화되어 있는 사이트가 'pdb'라는 사이트이다. 서치했을 때 단백질 서열들이 모여있고 이 pdb 파일을 다운받아서 txt파일로 볼 수 있다. 이 데이터는 최종적으로 x, y, z 포지션, b 펙터를 통해 3차원공간에서 어디에 있는지 보여준다. 이 데이터는 ncbi에 가면 'structure(구조)'를 통해 찾을 수 있다.

1) RCSB PDB를 검색

(PDB: 단백질 정보은행)
'pten' 검색해 보기
아래에 논문을 클릭하여 구조를 다운로드 파일에서 pd포멧으로 클릭하여 받는다.
아래에는 무질서도 등 실험데이터를 볼 수 있다.

2) NCBI에서 봤을 때

'pten'검색
아래에 structure 클릭하면 데이터들이 나온다. pdb아이디를 통해 구조를 볼 수 있다. 다운로드 가능.
다운받은 파일은 txt파일로 이루어져 있으며 편집도 가능하다.

이제 구조를 보는데 쓰는 프로그램들
cn3d(ncbi)에서 보는 것(간단하게 볼 수 있음)
swiss pdb viewer(무료), pymol(유료)에서 더 자세히 볼 수 있음.
insight, quanta(유료이며 전문적이다)
더 좋은 프로그램은 molscript/raster 3d이다.

이는 이미 알고 있는 구조를 보는 것이고 단백질 예측에 대해서는?
옛날에는 어려웠지만 이제 사용하는 방법 중 하나는
1. 2차 구조의 선호성
2. 소수성과 극성
3. 공간적
4. 정전기적 작용 등으로 예측한다.

옛날에는 에너지적으로 최적화된 구조일 것이라고 생각하고 예측했다. 그러나 사실은 아니었음.

구조를 예측하는 방법은?

물리적으로 이론적으로는 실험으로 분자동역학을 이용하여 하는 방식이 발달했다. 그러나 자주 틀려서 실험적인 결과를 모아서 보완하여 컴퓨팅하는 방법을 사용했다.

실험적 기반 방법 homology modeling와 fold recognition 차례대로 설명하면 유사한 구조를 찾아서 매칭하는 방법, 구조가 있다고 했을 때 2차 구조를 있을 것을 예측하여 다시 예측하는 방식이다.

ab initio prediction은 완전한 컴퓨터 방식

용어를 정리하면 (언급한 것부터 차례대로)
comparative modeling : 비교를 통해 알려진 것으로 찾아 들어가는 방식
threading : 단계를 찾아내서 짜집기하는 방식으로 하는 것
ab initio : 100% 이론적인 배경에서 시도하는 방식
이러한 구조를 얻은 것을 평가하는 tool이 있다.
1. DSSP
2. PROCHECK
3. CADAR 등이 있다.
4차 구조를 예측하는 프로그램과 무질서함을 예측하는 프로그램도 있다.
⟨pymol 사용하는 시연⟩
위에 따로 명령어를 집어넣을 수 있다. 구조를 볼 수도 있고 세트를 바꿀 수 있다. 움직이는 애니메이션을 만들 수도 있기 때문에 리간드 사이트로 바꿔서 볼 수도 있고 select되는 sequence를 알 수도 있다.
expasy 사이트 활용하여 swiss-model workspace를 사용
ncbi에 접속하여 물질서열 찾고 1차서열 예측 gene에서 찾아도 되고 protein에서 찾아도 된다.
swiss는 기본적으로 pdb viewer도 있다. 이를 다운받아서 쓸 수도 있다.
다운받아서 위에 서열을 festa에서 카피하여 붙혀 넣는다. 이제 build model 클릭하여 (template 버튼은 homology model을 찾는 것이다.)

제5장. 단백질 정보 활용에 대해

swiss pdb veiwer는 downlord에서 라이센스 동의후 멕, 윈도우 버전등을 골라서 다운받으면 된다.

최근에는 단백질 구조예측이 매우 정답에 근접하게 가까워졌다. 실제로 cadp라는 단백질 구조예측 경진대회에서는 모르는 단백질을 주고 실험을 통해서 단백질 구조를 예측했는데 예전에는 40%채 안되는 비율로 맞췄지만, 현재는 알파 폴드와 로제타 폴드로 인해서 90%가량 맞추게 되었다.

주로 메인 얘기가 단백질 상호작용에 대한 얘기를 진행할 것이다. Protein protein interaction에 관한 설명을 할 거고 관련된 연구 방법, 관련된 네트워크, 데이터베이스들, 이거를 보여주는 visualization 해주는 소프트웨어, prediction 하는 법에 관한 내용을 할 것이다. 실습은 아마 DB(database)들을 사용할 것이다.

우리가 Protien-Protein interaction 하는 이유는 결국은 핵심적인 건 액션을 하는 데 있어서 셀 안에서 단백질이 작동하는데 혼자가 아니라 친구들과 함께 작동하는데 이런 것들이 여러 가지 기능적인 면에서 차이가 나타난다. 결국은 이게 단백질 구조와 연결된다. 구조의 생김새에 따라서 interaction이 달라진다. 생김새로 상호작용 패턴이 달라진다. 최근에 알려진 바에 의하면 A라는 단백질이 있는데 B와 interaction 하는 것과 C와 interaction 하는 것이 다르다. 이런 case들이 최근에 많이 얘기가 되고 있어요. 하나 얘기할 수 있는 건 단백질 예측하는 데 있어서 가장 중요한 건 서열이라고 하는 것이다. 서열의 유사성이 구조적 유사성과 많이 연결되어 있다. 만약에 예를 들어 30% 정도가 유사하다고 한다면 구조 자체도 유사해진다는 기본적인 개념이 있다. 그래서 예를 들어 A와 B가 유사하고 C와 D가 서열이 유사하다면, 만약에 interaction이 A와 C가 상호작용하면 B와 D도 interaction 하지 않겠냐 하는 생각. 이게 어떻게 보면 나중에 얘기하는 Protien-Protien interaction 예측하는 개념이 될 수 있다. 결국은 단백질-단백질 상호작용이라는 자체가 단백질이 가지는 구조적 차이와 특성에 의해 결정된다. 이런 것을 들여다보는데 앞에서 scope에 대해 얘기를 했어요. 단백질을 구조적으로 나눠서 설명을 하면 classfication을 해볼 수 있다는 점이다. 그거에 대한 개념을 확인해 볼 필요가 있다.

결국은 상호작용이라는 건 A와 B가 만나서 작용을 하는 건데 이 의미는 뭐냐. 상호작용 factor들이 어떻게 interaction 하느냐에 따라 기능(function)에 대한 것을 결정할 수 있다. 일종의 네트워크에 대한 개념. 이런 걸 이해하는 것이 기능적 측면과 해석에 있다. 이런 상호작용들이 암을 만든다 하면 이걸 막아주는 약을 개발해서 항암제를 만든다. 이런 개념을 생각해 볼 필요가 있다.

우리가 통상 multiprotein complex라고 표현되는 4차 구조라 표현되는 Protein complex 구조들이 있어요. 예를 들어 헤모글로빈 같은 경우도 단백질이 네

덩어리로 움직이잖아요. 뒤에 가서 나오지만 Fatty acid syntase도 A unit, B unit, C unit이 합쳐져서 같이 움직이는데 이거는 어떻게 보면 long-term interaction, 같이 움직이는, 시간적으로 봤을 때도 오래되는 그런 개념이다. Protein interaction도 어찌 보면 좀 더 association 만났다가 떨어졌다를 반복하는 개념. 어떻게 보면 시간적으로 짧게 만나는 것까지 얘기할 수 있다. 실제로 신호전달 과정, 생화학 과정 등을 네트워크 관점으로 스터디한다. Multiprotein complex와 Protein-Protein interaction은 서로 약간 다른 개념이다.

그래서 여기 보면 interaction이라는 게 결국은 여러 가지 생물학적인 function에서 주는 역할들을 하더라. 예를 들어 cell이 있으면 외부로부터 신호가 들어왔을 때도 신호와 신호 자체가 연결될 때 어떤 protein이 다음 protein을 만나고 이런 식의 메커니즘을 signal trasduction이라고 한다. 이런 것이 질병들에 대해서 굉장히 중요한 역할을 한다. 암을 만들 때도 만나지 말아야 할 것들이 만나서 암이 만들어진다. 이런 여러 가지 원인에 의해서 발병하기 때문에 그런 부분들이 protein interaction들이 아주 중요한 역할들을 한다.

신호전달들을 보여주고 있다. 특정 외부로부터 factor가 들어오면 만나고 만나고 하여 apoptosis를 만난다든지 이런 pathway 과정 속에 protein interaction이 중요한 역할을 한다. 그 과정에 대한 이해를 하는 것이 전체 맵의 네트워크를 이해하는데 중요한 역할을 한다.

그래서 여기 보면 interaction 모양이 protein complex 모양이 될 수도 있고 경우에 따라서는 핵 안에서는 핵막, 핵공으로 나가는 과정도 P-P interaction이 관여한다. kinase 같은 경우도 인산화시키는 단백질인데 타깃 프로틴과 interaction 한다. 이것이 protein-protein interaction의 의미라고 볼 수 있다.

그다음에 세 번째 protein-protein interaction을 연구하는 방법들이다. 대표적인 것들이 쭉 나열되어 있다. IP, Co-IP, Pull-down assays, TAP는 비슷한 얘기이다. 거기에 crosslinking이라는 가교 작용하는 화합물을 넣어 In vivo crsslinking 하여 최종적으로 mass spectrometry 라던지 MALDI 질량 분석기를 넣어서 분석을 한다. 또는 QUICK으로 특정한 gene을 knock-down 시켜서 정량적으로 immunoprecipitataion이 차이가 나는지를 알 수 있다. 어떻게 보면 IP(면역침강법)을 기반으로 해서 이루어지고 있는 하나의 연구 방법이다.

IP 개념은 말 그대로 항원-항체 반응을 이용해서 특정한 항원을 항체가 잡아주고 tag을 붙여 이것을 끄집어내어 down 시킨다. Immuno는 항원 항체, precipitation은 침강법을 의미한다. IP에 대한 개념은 잘 알아둘 필요가 있다. 실험적인 부분은 공부를 해 놓으시면 됩니다.

Co-IP는 그다음 단계에서 down이 되게 되면 같이 따라오게 된다. fusion

제5장. 단백질 정보 활용에 대해

protein을 이용해서 같이 down을 시킨다. 잡아서 당긴다는 의미로 Pull-down assays라고 한다.

그 다음에 이거를 더 확장해서 특정 tag을 붙여서 그 tag를 어딘가에 미끼로 잡아서 거기에 따라오는 protein들을 최종적으로 SDS-PAGE를 통해서 separation 시켜서 peptide를 얻어서 mass로 protein을 식별한다. 이런 게 database serching인데 일종의 Affinity Purification과 Mass spectrometry를 이용해서 down 시켜서 얻는 결과이다.

그 다음에 다른 방법 중 하나는 BiFC로 2개의 분자에 형광의 상동성을 이용한다. FRET 이란 건 무엇이냐 하면 형광물질이 서로 interaction 해서 가까워지게 되면 원래의 excitation 돼서 나온 이것에 의해서 emmision이 그 옆에 있는 형광물질을 excitation 시키게 되는 것이다. 이런 식으로 서로 간의 가까워졌다가 멀어지는 것을 판단하는 방법을 사용한다. 이 방법은 ono-by-one으로 protein에 delivering 해야 한다는 점이다. 이런 것이 형광을 이용하는 방법이다.

그거를 조금 다르게 하는 방법에는 Array Detection이 있다. array 칩에다가 단백질을 쭉 깔아서 거기에 label된 형광 dye를 특정 단백질이 붙여서 interaction을 본다. 형광 스캔을 하여 마이크로어레이 실험을 하듯이 비슷하게 protein-protein ineteraction을 array와 같은 방법을 사용한 것이다. protein chip 기술.(***)

그 다음 전통적으로 많이 사용했었던 방법이다. The yeast two-hybird screen(Y2H로 표현). 전통적으로 많이 사용하고 있지만 중요하게 false-positive 비율이 의외로 많아서 최종적으로는 Co-IP 실험을 통해서 검증을 해야 되는 부분이다.

Y2H는 어떻게 하는 것인가 하면 Binding domain에 붙은 protein A와 Activation domain이 붙은 protein B가 interaction 하면 서로 가까워진다. 그 다음 특정한 domain에 가서 특정한 mRNA Reporter gene을 켜준다. 그것에 의해서 yeast가 어떻게 살아남는가를 확인하는 방법이다.

앞에서 본 것과 같이 protein A와 B를 여러 개를 동시에 진행할 수가 있다. array을 통해 6,000개를 동시에 진행할 수 있다. PNAS 같은 경우에는 96개 protein 부분들. 약 10,000 이상의 Protein을 interaction들을 study 한다. 100개의 protein과 100개의 protien을 곱하면 10,000개의 interaction에 대한 가능성을 study 할 수 있다.

실제로 여기서 보면 yeast가 자랄 수 있는 media에 심는 것이다. clon마다 하나씩 다 심어서 특정한 것이 발현이 안된다. 아미노산이 없게 끔 만든다. 아미노산(ex. 메싸이온)을 만들 수 있는 lift gene을 가지고 있으면 만들어서 그것을 스크리닝을 한다. interaction 하는 경우에는 살아남지 못하는 것이고 메싸이온이 있어 interaction 하는 경우에는 그것을 시퀀싱 하여 어떤 것과 interaction 하는가를 확인하는 작업이다. 수천 개의 칼럼을 동시에 진행한다.

그 다음 이것은 다른 원리의 방법이다. Scattering 방법이다. Scattering이 입자의 사이즈와 관계가 있고 두 개가 interaction 하면 혼자 있는 것보다 사이즈가 커지니깐 그것을 통해서 하는 방법이다. Polarisation이나 Light scatting 하는 각도를 재는 방법이다.

또 하나는 전통적으로 하는 SPR(***)이라고 하는 것이다. 전반사 각도이다. 특정한 물체가 있으면 빛을 쏘아서 전체가 반사되는 이 각도가 있는데 이게 두께가 바뀌게 되면 이 각도가 실제로 미세하게 왔다 갔다 한다. 그것을 signal로 보여주는 작업들을 한다. 지금 현재로선 Biacore라는 회사가 가장 잘 만드는 회사이다. 이를 통해 protein-protein interaction 한다. 특정 칩에다가 2개가 interaction 할 수 있는 것을 깔아서 interaction 되었을 때 이 각도가 어떻게 차이가 날까를 알 수 있다.

그다음 FCS라고 해서 형광이긴 한데 correlation이라고 해서 두 개가 혼자 있을 때 회전을 한다. correlation time을 측정한다. 보통 single molecular을 측정할 때 사용한다. 여기도 마찬가지로 단백질에 형광이 있어야 한다는 점이다.

여기까지 새로운 다양한 방법들을 알아보았다. 이거 외에도 여러 가지가 있다. 유전학적 방법 이용하는거, 면역법을 이용하는 것들 다양한 형태로 있다. 소위 이런 interaction이 어떤 meaning과 연구를 할 수 있을까. 이쪽 면도 3개의 unit, 저쪽에서 3개의 unit이 있다. 이것이 만나서 어떻게 보면 뭔가 이루어질 수 있다.

이런 것들을 네트워크 presentaion을 한다. 여기서 볼 수 있는 의미 중에 하나가 특정한 고리들이 존재한다. 커넥션이 많이 되어 있다. 허브라든지 이런 걸 스터디해서 메인이 되는 프로테인을 알 수 있다.

그래서 여기 보면 이런 연구들이 실제로는 여러 가지 방법들을 통해 여러 가지 결과들이 나온다. 실제로는 상호작용체 네트워크와 interatomics라는 학문이다. 결국은 상호작용 자체가 상호작용을 발견하는 실험을 모아서 네트워크로 해석해 내는 게 중요하다. 결국은 상호작용 지도를 작성하는 것이 중요하다. 맵이라는 것을 만들어내는 것이고 앞에서 보았던 네트워크가 케이스가 되는 것이겠죠. 결국은 우리가 모든 구조를 알고 있다면 해석해 내겠지만 그게 안되는 경우에는 이거를 통해서라도 예측하고, 3차원적인 구조와 연결해서 해석하는 데 도움을 줄 수 있다. 여러 가지 기능적인 측면에서 찾아낼 수 있다. 그래서 interaction DBs 이건 실습을 할 것이다. 대표적인 것만 할 것이다.

그중에 대표적으로 많이 쓰여지는 게 BIND, DIP, MINT, BioGRID, HPRD,

제5장. 단백질 정보 활용에 대해

InAct, PINA, MIPS 등이 있다. 오늘은 그중 BioGRID에 대해서 설명을 할 것이다. 실습에서 얘기할 것이다. 들어가서 서치를 하면 각종의 intaeraction들을 찾을 수 있다.

실제로 여기 PTEN에 대한 것들이 나와 있고 결과를 최종적으로는 presentation 할 것이다. PTEN과 PHD2 단백질을 여러분들이 찾아보고 보여주면 된다.

이게 바로 interaction들을 visualzing을 한 것이다. tool을 사용해서 보여준다. 이런 프로그램들이 있다.

tool에는 Cytoscape, BioLayout, Osprey, VisANT 이걸 한 번씩 찾아보세요. 이 중에 아마 실습할 때는 Osprey를 진행할 것이다. 이걸 통해서 어떤 결과가 나오는지 진행할 것이다.

Visant 사이트를 보여준다. 단백질을 쳐서 결과를 볼 수 있다.

이런 pathway에 대한 정보

이런 식의 결과들을 보여준다(Visant).

마지막 얘기는 P-P를 예측하는 것을 얘기해 본다.(시퀀스 기반) 처음에 얘기로 다시 해보면 우리가 1차 서열 sequence가 30%만 같다면 결국은 그 중에 구조도 동일하다. 아까 얘기했던 것처럼 A와 C가 시퀀스와 구조가 유사하고 B와 D가 시퀀스와 구조가 유사하다면, A와 B 그리고 B와 D가 interaction 할 것이다. 그런 원리로 작업을 한다.

크게 보면 시퀀스 기반 예측과 구조 기반 예측이 있다. 나중에 검색하는 작업을 실습할 것이다. 이런 게 있다 정도만 알고 있고 나중에 더 스터디 하면 된다. 실제로는 다양한 형태의 것들이 구조 기반 프로그램으로 되어있다.

그래서 요게 실제로는 predicting 프로그램이 여러 개가 있다. Phylogenetic profiles이라고 진화적 상관관계를 보여준다. 이를 통해 interaction을 예측한다. 예를 들어 mouse에도 interaction이 있으면 사람한테도 interaction이 있지 않을까에 대해 예측한다. 또 하나가 In Silico Two-Hybrid. 컴퓨터를 사용한다. yeast hybrid와 비슷하게 완전히 컴퓨터상에서만 진행한다. 이것도 개인적으로 확인하는 시간을 가질 것이다. in silco two hybrid와 phylofenitic pfofiles을 실습 시간에 작업을 진행할 것이다. 최종적으로는 현재로 쉽게 접하는 대사과정 통하는 것이다. 예를 들어 TCA 사이클을 통해서 관련되는 게 연결되는 것들을 reconstruction 통해서 protein-protein을 예측한다. 이런 방향으로 진행을 하고 있다. 많은 경우에는 프로그램이 많지만 전문적으로 한계가 있다. 모든 시퀀스의 구조적 정보를 알고 있는 것도 아니고 또 한편으로는 계통적인 정보도 다 알고 있는 것이 아니다. 또한 유전학적인 부분을 이론적으로 상호작용하는 개념을 도입해서 찾으려는 노력을 하지만 생각보다 쉽지 않다. 여러 가지 이런 노력들은 진행 중이다.

시스템생물학 기초

1. 단백질 상호작용이란?
- 단백질 서열이 30% 정도만 유사해도 구조적으로 유사하다고 볼 수 있음
- SCOP : 단백질 서열들의 구조적인 분류들의 데이터베이스(DB)를 모아 놓은 곳
- A와 B가 서열이 유사하고, C와 D가 서열이 유사하다면 → A와 C가 상호작용할 때 B와 D도 상호작용함(Protein-Protein interaction의 기초개념)
- 구조적 차이와 특성에 의해 상호작용이 결정!(어떻게 상호작용하느냐에 따라 기능을 결정!)
  ex) 암을 만드는 단백질 상호작용을 이용하여 '항암제'를 만들 수 있음
- Multiprotien complex : 2개 이상의 단백질 그룹. 사차구조 단백질의 한 형태.
- P-P interaction: 단백질 분자와 연관됨. 생화학, 신호전달, 네트워크 관점으로 설명하는 데에 중요
- 단백질 사이의 상호작용은 많은 생물학적 기능에 중요함. 예를 들어, 세포 외부로부터 신호는 신호분자의 단백질-단백질 상호작용에 의해 세포 내부로 매개됨. 신호전달이라고 불리는 이 과정은 많은 생물학적 과정과 많은 질병(ex. 암)에서 근본적인 역할을 함
- 단백질이 복합체를 형성하기 위해서 오랜 시간 상호작용을 함
- 단백질은 다른 단백질을 운반시키며 그 과정 동안 잠깐 상호작용할 수 있음

2. P-P interaction 조사방법
① Immunoprecipitation(IP, 면역침강법): 항원-항체 반응을 이용하며, tag를 붙여 침강시켜 끄집어내는 방법
② Co-Immunoprecipitation(Co-IP): 특정 표적 단백질에 결합된 단백질을 간접적으로 포획하기 위해 표적 단백질 특이 항체를 이용하여 단백질-단백질 상호작용을 식별하는 대중적인 기술임
③ Pull-down assays
④ Affinity Puification/Mass spectrometry: Tag를 미끼로 잡아 따라오는 protein을 SDS-PAGE를 통해서 분리하여 peptide를 얻음 → Mass spectrometry로 protein을 identify함!
⑤ BiFC(Bimolecular Fluorescence Complementation): 2개 분자의 형광을 이용
⑥ FRET(Fluorescence resonance energy transfer): 형광물질이 서로 interaction. (one-by-one)
⑦ Array Detection(Protein 칩 기술, Protein array 기술): array 칩에 단백질을 깔아서 label된 형광을 붙임 → 형광을 스캔 → P-P interaction을 함!(array 방법)

⑧ Y2H(Yeast two-hybrid screen): 이 방법은 최종적으로는 Co-IP에 의해서 검증을 해야 함.
⑨ DPI(Dual Polarisation Interferometry)
⑩ SLS(Static Light scattering)
⑪ SPR(Sulface plasmon resonance, 표면 플라스몬 공명): 평평한 표면에 입사한 빛에 의해 들뜬 사태가 된 표면 플라스몬의 상태를 가리킴. 특정 칩에다가 형광 interaction 되었을 때 각도가 어떻게 차이가 나는지를 보여줌(두께). Biacore 회사가 현재 가장 잘 만듦
⑫ Fluorescence correlation spectroscopy(FCS, 형광 상관 분광학): 시간 상관 관계를 통해 형광 강도의 정적 변동을 통계적으로 분석. 단백질에 형광이 있어야 함. Single molecular 분석 시 사용.

3. 단백질-단백질 상호작용 네트워크 연구
- 네트워크를 통해 main protein이 뭔지를 알 수 있음
- 상호작용을 발견 → 네트워크로 해석해 내는 작업!
- 상호작용 지도를 작성(mapping)

4. Database
- BIND
- DIP
- MINT
- BioGRID
- HPRD
- InAct
- PINA
- MIPS

5. Visualization Software
- Cytoscape
- BioLayout
- Osprey
- VisANT

6. P-P interaction 예측법
🗐 서열 기반 예측/구조 기반 예측
① Phylogenetic profiles(계통분석) : 진화적으로 profiling을 통해서 실제로 어떤 interaction을 하는지 알 수 있음
  ex. 쥐에서 interaction이 있다면 사람한테도 있지 않을까..?
② In Silico Two-Hybrid : 컴퓨터 프로그램으로 예측
③ Metabolic pathway reconstruction : 대사과정을 통해 P-P interaction 예측

오늘은 서열정렬 이야기를 할 거야 그래서 아마 기초개념이 Sequence 얼라이어먼트 개념, 그중에서도 특히 쌍서열 정렬, 두 개의 서열을 비교하는 건데 이것을 왜 중요하냐면 오늘 많이 얘기하는 것중에 하나인 'BLAST'라고 하는 이 프로그램을 돌리는 것인데, 이거의 작동원리를 하는건데 예를 들어서 5'-ATCGTA-3' 이렇게 되있으면 DNA서열이야 protein서열이야? DNA 서열이다. ATCGTA이거로 이야기하기 힘들어 그래서 5'와 3'표시를 한거야. 그런데 똑같이 N-ATCGTA-C는 protein 서열이야. 왜냐하면 A도 코드가 DNA쪽에도 있고 프로테인 쪽에도 있어. 알라닌, 쓰레오닌, 시스테인, 글라이신, 프로테인과 구별하는데 ATGC이것만 생각하면 안된다고, 실제로 protein 서열은 다양하니까. 어쨌든 이런 서열이 있다고 치면 예를 들어서 독도에 있는 박테리아, 이콜라이처럼 내가 지금 지리산에 가서 새로운 균을 하나 찾았어 서열을 Sequencing 해봤더니 대충 나왔다고 쳐봐, 그러고 개가 갖고 있는 유사성이 뭘까, 그걸 맨 처음에 하면 ORF 파인딩 이야. 거기에서 나오는 코돈들이 뭐가 있을까, 그다음 그것을 protein 서열로 바꿨다 했을때도 마찬가지야, 그럼 맨 처음에 하는 건 뭘까, 무슨 기능을 갖는지 알고 싶을꺼 아니야. 그럼 그방법 중 하나가 뭐냐면 가장 쉬운 방법이 protein으로 서열을 translation을 한 다음 그 서열을 지금까지 알려진 DB에 던지는 거야. 그래서 유사한 놈을 찾아내는 거지. 이게 가장 1차적으로 하는 방법이야. 그런 방법을 쓰는 게 바로 그때 그 서열의 유사성을 따지는 데 사용되는 툴 그게 Sequence 얼라이어먼트라고 하는 거야.

서열정렬은 말 그대로 유전자나 단백질의 서열을 가지고 어떻게 하냐면 배열을 해, 배열을 하는 데 생명정보학에서 두 개만 비교하는 방법이 소위 쌍서열정렬, 페어와이즈, 페어와이즈 라는 건 A하고 B 이렇게 두 개 예를 들어서 이재명, 윤석열 이렇게 둘이 비교하는 거야. 이게 쌍서열 정렬인거야. 그다음에 복서열 정렬은 여러 개를 하는 거야. 멀티블 Sequence 얼라이먼트라고해서 A, B, C, D, E, F 여러개를 동시에 비교하는 거야. 그것을 복서열 정렬이라고 해. 그래서 이런것들을 비교하는 일들을 하게 되는데 오늘은 아마 멀티블 Sequencing

제5장. 단백질 정보 활용에 대해

얼라이먼트 얘기는 그렇게 많이 안할 거야. 뒤에 가서 아마 따로 진행이 될꺼고, 다중서열정렬은 여러 가지로 우리가 이제 소위 복서열정렬 다중서열정렬 이렇게 이야기하거든? 이런 것들은 여러개를 한꺼번에 묶어서 비교하는데 특히 생명체들이 다양한 거, 퓨마꺼 마우스꺼 침팬지꺼 황소, 지브라피쉬, 초파리, 씨엘레강스, 이콜라이 이런 여러 가지 종들 간의 비교. 다중서열정리라고 이야기 하거든 그래서 서열정렬은 크게 보면 두 종류로 나눠져, 쌍서열과 복서열 이제 그중에서 복서열을 조금 더 여러 가지의 생명체간의 비교하는 거를 다중서열정렬 멀티플 말이니까 같은 건데.

자 그래서 pair wise sequencing을 하는 거는 최종적으로 우리가 알고자 하는게 뭐냐면 시뮬러리티. 유사성을 찾는 거야. 이제 그 작업을 어떻게 하느냐에 대한것는 이따 잠깐 보여지게 되겠지만, 그런 프로그램으로 쓰여지는게 대표적인게 BLAST랑 FESTA야. 이 두가지 프로그램이 알려져 있어. 그래서 우리가 중심적으로 이끌어 가는건 블라스트할꺼고, BLAST는 이따 할텐데,

이러한 기능을 하는 데이터베이스들이 있습니다. 여러 가지 형들이 있는 data base들이 있는데, 여러분들이 나중에 sequence 얼라이먼트를 구글검색을 해봐, 얼라이먼트 ali, gn, ment, data base를 검색을 해보라고, 그러면 데이터베이스 여러 가지가 나와 그중에 sequence 얼라이어먼트를 할 수 있는 데이터 베이스들이 BLAST부터 여러 가지 있는데,

그중에 대표적 인게 BLAST야. BLAST에 또 여러 가지 다른 친구들이 있어 그것도 구글검색을 해서 찾아보는 작업을 하자고. BLAST는 약자가 뭐냐면 베이직 로컬 얼라이먼트 써치 툴이야. 얼라이먼트가 로컬이야, 이 얘기는 알아둬야 할 키워드중에 하나야.

그다음에 여기 있는거는 이따가 찾아보기로 하고

FESTA는 일종의 프로그램이자 파일의 양식이야, 파일의 포맷, 페스타 포맷이라고 해서 예를 들어서, 여러분들이 아마 DNA나 protein 서열을 찾을 때 거기보면 FESTA를 딱 치면 된다고, 그게 이제 그렇게 문자화된 형태로 제시된 것, 그런 파일포맷을 FESTA 포맷이라고도 해. 또는 이거를 일종의 써서 렝귀지로 만들어진 것, 그것을 FESTA 프로그램도 있어. 자 그러면 오늘 우리가 할 얘기들은 다양한 얘기가 있긴 한데 먼저 구글에 아까 나온 것처럼 서열정렬부터 찾아봐 (검색) 이러한 서열정렬을 하는 data base를 치면 여기 서열정렬의 몇 가지가 쭉 있거든 / Sequence 얼라이어먼트 데이터베이스(검색) 이게 보면 가장 대표적인 BLAST가 딱 나온다고, 그래서 그다음 BLAST 릴레이티브 data base(검색) 여기 보면 이런 sequence를 찾는 목적의 여러 가지 data base들을 구하는 거야. 아마 PDF 파일로 나올텐데, 어쨌든 BLAST와 유사한 data base를 설명하는 자료인거 같고, 그중에

시스템생물학 기초

우리가 위키피디아를 보면 알고리즘 얘기가 쭉 있고, 얼타리티드 BLAST라고 해서 여러 가지 몇 가지 다른형태의 프로그램들이 있어 그게 여기 설명되어있거든 그걸 참고하면 될거 같고, 그다음엔 BLAST를 가보면 이게 우리가 앞에서 해본 NCBI 사이트에 있어 베이식 로컬 얼라이먼트 Search tool이라고, 여기 nucleotide BLAST와 protein BLAST 두 개를 쓰는 거를 보여줄 거야.

그다음에 아까 잠깐 나온 FESTA, 이게 아까 말 한대로 문자화된 코드로 얻어지는 것을 페스타 포멧이라고 이야기해. 한편으로는 페스타라는 EMBL-EBI은 유로피안 이거든 유럽에 있는, 거기에 있는 FESTA로 FESTA-A 어쨌든 이런식의 소프트웨어로서의 기능을 하는 사이트야, 유사성을 찾는 거야, 유사성을 찾는 사이트 대표적으로 BLAST랑 FESTA야. 여기서 얘기하면서 살짝 넘어가는게 있는데 여러분이 잘 봐야 돼. 서열정렬이라고 했는데 그중에 쌍서열정렬이야. 그 쌍서열정렬 목적은 뭐다? 결국은 유사성을 찾는 것. 그거를 이해를 하셔야 하고, 이 두 사이트를 기억해주셔야 하고,

그다음은 기초적인 개념을 알아야 하는데 그중에 하나가 뭐냐면, alignment scores라는 용어가 따라와, P점수와 E점수라는게 있어. P는 프로버블리티 맞을 확률이야. 얼마나 유사한가의 확률이야. 이 점수는 에러벨류야. 틀릴확률이야. 자 그러면 유사할수록 P값이 크겠니 작겠니? P는 커지는 거야 왜냐하면 그게 유사한 확률이니까. 그럼 이값은 어떻게 되겠어, 작아 지는거야.

이런 기능을 하는 게 여기 보면 엑스파시스 사이트에서 나온건데 주로 여기보면 대부분 BLAST고, FESTA도 있고, 어쨌든 참고로만 기억하시면 되겠고. NCBI BLAST 튜토리얼, 클릭을 해보면, NCBI에 가서... 그래서 어쨌든 그 사이트는 튜토리얼 어떻게 사용하냐 영어로 좀 길어 그래서 옛날에는 번역과제를 시켰다고, 일단은 시간이 없으니까. 로딩하는데 시간이 걸리네. 어쨌든 튜토리얼이니까 나중에 한번 참고로 공부를 하라는 뜻이야.

그래서 내가 일종의 핸드북 형태로 어떻게 사용하는지 쭉 있어. 참고로 보시면 되고, 진도 나가는 게 중요하니까. 그다음이 아까 좀 이따 보여주겠지만 BLAST에서 nucleotide BLAST로 가면 이건 옛날 방식이야. 아까 그림이랑 다르지 좀 바뀌었는데, 이걸 치면 사이트에 나오고 그중에 알고리즘을 BLAST엔 megaBLAST 디스컨티뉴 이쪽으로 갈수록 조금 더 열린 확률, 덜 유사한 확률로 써치를 하는거야. protein BLAST가 있고 BLAST X는 왔다 갔다 라는 거야. protein을 집어넣어서 nucleotide를 알아내는 거고, T BLAST에는 거꾸로, protein서열을 그걸 가지고 nucleotide를 얻어내요, 하나는 nucleotide을 집어넣어서 Sequence를 해서 protein서열을 잡고, 이런 식의 작업을 하는 그런 BLAST들이 여러 개 있어, 게놈에 따라서, human, mouse는 잘 알거고, Arabiadopsis thaliana는 애기장대, Oryza

제5장. 단백질 정보 활용에 대해

sativa는 쌀이야, Bos taurus는 황소, Danio rerio는 제브라피시, Drosophilla melanogaster는 초파리, Gallus gallus는 닭, Pan troglodytes는 침팬지, Microbes는 미생물들, Apis mellifera는 꿀벌, 학명들을 잘 기억 해야 돼.

어쨌든 이렇게 해서 nucleotide BLAST 같은 경우에는 나중에 보면 여기다가 서열을 우리가 집어넣어서 찾는 거야. 조건을 가지고, 나중에 연습하는 거 보여줄 거야. 그래서 결과가 이런 식으로 BLAST N이 나오고 이게 나중에 최종적으로 이렇게 데이터를 얼마나 유사하냐, 빨간색이라는 건 거의 유사성이 꽤 높은 거야. 여기 보면 아까 내가 DULLARD로 매칭되는 score value가 얼마고,

그다음에 identity 이게 p밸류라고 하는 거야. 거의 100% 똑같고, E value 이런 식으로 찾는 거야. 그 다음 protein BLAST는 이 부분에다가 프로테인을 쳐서 정리를 하면, PSI PHI 이런 식으로 여러 가지 종류가 있어. 여기서 굳이 얘기하면 BLAST P는 조금 더 protein하는 거고? PHI는 position 위치가 얼마나 잘 맞는가 찾는거. 조금 더 다른 관점에서 보는 그런게 있고, PHI BLAST는 패턴 히트야. 어떤 서열이 달라도 봐주는 거야. 밑으로 갈수록 열린 가능성을 갖고 있다는거.

그래서 치면 이런 식의 서치결과 리스트가 쭉 나와. score value, E value가 나오는데 이게 유사성이 높다는 거야. 그다음에 E는 error vlaue야 4곱하기 10의 -139야 이런 식으로 데이터를 Search하게 되서 클릭을 해서 최종석으로 찾아낼 수가 있어. 퀴즈를 잠깐 할꺼고, 여러분들이 직접 해보면 되는데, 하나는 DNA 서열이고, 하나는 protein서열이야. 이 두 개의 서열을 Search하는 연습을 먼저하고, 오늘은 연습을 하고, 나머지는 그런걸 Search하는 원리들이 있어 그 원리를 조금 더 설명하는거고, 뒷부분은 따로 수업함.

잘 보시면 시작이 ATG로 시작했지, TGA로 끝났지. ORF를 해보면 어떤 단백질인데, 이거를 보여줄꺼고 니네는 과제를 제출을 해야돼. 그래서 잠깐 봅시다. 아까 갔던 BLAST를 가봅시다. 여기서부터 설명을 할텐데. 하나는 nucleotide, protein 두 개가 있는데, 여기서 맨 위에는 자기네가 뭔지 설명한 거고, 여기는 웹페이지에 대한 뉴스들 최근에는 covid-19에 대해서임.

약간의 다른 형태의 BLAST들도 있어. 최근에 더 개발된 smart primer global, CD(코돈)-search, LG vecscreen, CDART등 최근에는 다른 형태의 BLAST들도 많이 개발되어져 있어. 아까 Search한 이 서열을 카피해서 여기에 어세션넘버를 하거나 FESTA Sequence로 아까 문자화된 형태로 만들어진 그 Sequence를 집어넣으면, 필요하시면 이메일주소 넣어도 되고, 그다음에 Search하는 data base는 standard data base. nucleotide 컬렉션이고 nrnt는 겹치는게 없는 것이야. 이런 건 누가 하냐면 퓨레이터 그 db야. 아니면 다양한 형태의 DB가 있어. 이걸 선택할 수 있어. 보통 일반적으로는 nrnt를 많이 써 refseq까지 가면 이건 좀더

검증이 된거야. 범위가 좁아져. 어쨌든 필요하면 여기에 특정 organism, 생명체들을 빼버릴 수 있어. 그리고 난 다음 highly simillar sequences야. 메가블라스트라는 거야. 유사성이 높은 놈만 찾는 거야. 그래서 조금이라도 틀리면 빼버리는 거야. more disimillar는 약간 틀려도 괜찮은 거야. somewhat simillar은 좀 더 틀려도 괜찮은 거.

다음주에 보여주게 되겠지만 개념이해를 해야돼. word size가 뭔지, 그다음에 threshold가 뭔지, 일반적으로 디폴트라고 되어 있는 건 max target sequence이 100이고 word size 얼만지 다 있어. 그러니까 이거는 크게 신경쓸 필요없어. 그리고 나서 이거를 이 안에서 보고 싶으면 클릭하셔서 블라스트하시면 됩니다.

그다음 페스타도 마찬가지야. 페스타3라고도 있는데 여기도 뉴클레오타이드 프로테인 똑같은 요령으로 하면 돼. 페스타는 참고로만 해보시고, 많이 안쓰거든, 필요하면 어떻게 쓰는지 알고 있으면 되니까.

그다음에 여기 보시면 약간의 조건들이 있는데, max score, total score, query cover, E value, Pet ident, Acc len 등이 있는데, 이게 합성된 Drosophila의 클론넘버에 해당되는 거야. 이게 거의 100% 가까이 일치한다는 거야. 여기 보시면 full insult DNA도 있어. 결국은 밑에 보시면 한 100개 정도 기본적으로 다 보여줘. 이거를 한번 클릭해보면 초파리에 있는 이 특정한 insert야. 이게 아마 quiver, 그래서 어쨌든 클릭을 하면 여기서 select all을 다 꺼버리고, 이중에 이거 하나만 하고 클릭을 하면, 얼라이먼트가 나와 이렇게 얼마나 매칭이 되고 있는가가 나오고, 그다음에 이거를 알고 싶으면 이거를 새 탭으로 열어서 이 뉴클레오타이드는 이 초파리에있는 이거와 유사하다. 이런 식으로 유사하다는 걸 보여주고, 정보를 보여 주는 거야. 거기서 나오는 단백질은 이거고 이거의 CDs는 이거고, 이 단백질은 나중에 찾아보시면 무슨 protein이다 라고해서 알 수가 있어. 이것을 레포팅 하라는게 take home quiz 9이야. 읽어보시고 어떤 건지.

그다음에 블라스트 다시 돌아가서 take home quiz 10을 해봅시다. 프로테인 블라스트는 어떻게 하냐면, 똑같이 여기 보시면 프로테인서열을 넣여야 돼. 혼동하면 안됨. 여기다 서치하고, 그러고 난 다음 똑같이, 데이터 베이스는 대부분 Non-redundant protein 겹치지 않는 걸로 쓰면 돼. 여러 가지가 있으니까. 잘 보시면 일반적으로 많이 하는 건 blastp야. position을 정해놓고 그거에 유사성을 찾는 것도 있고, pattern을 중심으로 하는 것도 있고, domain을 중심으로 하는 것도 있고, 보통 p를 많이 쓰고,

이 프로테인 서열을 카피를 해서 치면 이 프로테인의 서치결과가 나와.

그래서 1~2분 정도 걸릴 테니까. 아까랑 비슷하게 리스트가 나와. p value랑 e value 잘 보고 가장 높은 놈을 선택하는 거지. 그걸 가지고 서치해서 이 서열이

제5장. 단백질 정보 활용에 대해

어떤 단백질인지, 어떤 기능을 갖고 있는지에 대한 검색을 하는 거야. 여러분들이 해야되는 작업이야.

그러면 DNA던 protein이던 서열이 있다. 서열정렬하는 목적이 뭘까? 유사성을 찾는 거야. 결과적으로 얼마나 유사한가 그걸 통해서 최종적으로 그거에 기능을 찾아가는 거지. 또는 어느 부분인가를 보고 답을 찾는 거지. 밑에 보시면 얼라이먼트가 나온다고, 이건 아까 나온 결과야. 거의 100% 일치하고 있지. quiver라는 프로테인이야. 같은 단백질이야 결국. 여기 보시면 여러 가지 논문들이 쭉 있어. 서열은 이렇게 되고, CDs는 이렇게 되고, 이런 것들이 여기에 쭉 설명이 되어있고, 기능에 대해 알고 싶다. 그러면 quiver를 이 키워드를 그대로 복사해서 pubmed로 해서 문헌정보 그러니까 여기에 딱 치시면 기능에 대한 것들을 찾을 수 있어. quiver라는 논문이 많이 나온 건 최근에 많이 나왔어. 이런 식의 특정 기능과 관련된 논문들을 찾는 거야. 또는 이게 번거롭고 귀찮으면 구글서치를 해도 돼. 여기보시면 여기다가 퀴버 gene에 대한 정보, sleepless protein 이게 뭐냐면 이 단백질은 저걸 없애면 체널과 관련된 건데, 수면과 관련된 단백질이야. 이런 식의 얘기들이 쭉 있어. 찾아보시면 돼. 이런 식으로 생물학적 기능을 서치하면 돼.

지난 시간에 서열정렬 이야기를 했어요. 시퀀스 2개를 비교하는 쌍서열정렬과 여러 개를 비교하는 복서열 정렬. 오늘 이 서열정렬 이야기를 따로 모아서 해야 할 것 같은데

보통 쌍서열정렬 경우에 있어서 쓰여지는 프로그램에 대표적으로 Blast랑 FASTA라는 프로그램이 있고 BLAST는 Basic local alignment search tool이라고 하는 약자이고 몇 가지 관련된 프로그램이 있고 FASTA는 문자화되어있는 파일의 포맷 형태로도 설명이 되어지고 또 한편으로는 alignment하는 프로그램 중에 하나인데 그중에 probability와 error 접수에 대한 이야기를 기억을 해 두어야 한다.

관련된 프로그램들이 주로 이런 것들이 있고 몇 가지 tutorial 사이트 있으니까 참고 한번 하면 될 것 같고 지난 수업시간에 blast랑 protein blast 연습하는 걸 했고 결과가 나오게 되면 어떻게 얻어지는가를 take home quiz 10까지 진행을 했어요.

그다음에 단백질 서열이라고 하는 것의 의미를 우리가 왜 정렬을 하느냐? 가장 중요한 건 homology라는 걸 찾는 건데 homology는 얼마나 유사하고 얼마나 비슷하냐인데 homology를 결국은 크게 나누면 유사한 놈과 identity한 동일한 놈을 찾는 것이다. 왜 유사성을 찾아서 상동성을 따지게 되는가 homology를 따져서 기능적 유사성을 찾아가는 거지 그게 서열 정렬에 있어서 중요한 포인트이다.

서열정렬을 하는 방법은 여러 가지가 있어 여러 가지 기술적 methology

방법들이 있는데 그중에 앞에서 이야기한 쌍서열정렬과 복서열정렬 pairwise alignment랑 multiple alignment 2가지가 있는데 그중에 특히 서열을 단순하게 비교해서 나가는 방법이 있고 조금 더 programing해서 다이나믹한 여러 가지 Longest common string이라고 해서 가장 긴 문장을 찾아가는 방식, hidden 마코프 법칙이라는 걸 따라가는 방식 또는 global alignment라 해서 좀 넓게 alignment를 해서 비교하는 방식, 그다음에 local alignment 부분부분 비교하는 방식해서 프로그램들이 있다.

거기에 쌍서열정렬의 경우 dot-matrix method 서열정렬 방법에 따라서 dynamic programming, word method 등이 있다. multiple sequence는 dynamic programming, progressive method, iterative method, motif finding, 그다음에 computer science에 의한 것. 그 다음에 structural alignment에는 DALI, SSAP, Combinatorial extension 이런 alignment 방법론들이 있고 그게 나중에 다음 주에 얘기하게 되는 phylogenetic 소위 계통학적 분석이라고 하는 그런 식의 비교방법들이 있다. 특히 multiple sequence alignment라는 것은 결국은 진화적 관계에서 일어나는 여러 가지의 여러 종들 사이의 유사한 단백질을 정렬을 해서 진화적 상관관계를 들여다봄으로써 계통적 계통수라고 하는 계통적 관계를 들여다보는 것이 pylogenetic analysis라고 보시면 될 것 같다.

그래서 이제 여기 나와 있는 용어들을 조금씩 설명을 해 보면 특히 dynamic programming은 말 그대로 문제 자체를 조금 더 break down 단순한 문제로 해서 짜깁기하는 방식으로 모아가는 그런 것 소위 computer science에서 하는 일종의 problem solving하는 method 중에 하나인데 이것을 결국은 문제 자체를 쪼개서 들여다보는 그런 식의 programming 방법론이라고 보시면 될 것 같다. 그래서 이것을 풀어가는 방법 중에 서열정렬 dot-matrix method 일종의 두 개의 서열을 matrix를 만들어서 둘 사이 유사한 놈이 어떤 놈인가 찾아서 비교하는 그런 식의 programming 방법이 있다.

word method는 쉽게 이야기해서 data base가 있다고 치면 단어를 전체 서열이 이만큼 있다고 하면 잘게 쪼개서 던져서 유사한 놈을 찾아서 계속 맞추는 그런 식의 방법들이 word method인데 blast와 fasta들이 주로 이런 방법을 많이 쓰고 있다. 그래서 이제 우리가 서열정렬을 하는 pairwise 서열정렬에 있어서 이렇게 보면 2개의 정렬을 했다고 치면 이런 식의 것들을 유사한 놈끼리 맞추어 가는 것, 그래서 최종적인 정렬까지 하나하나를 비교해서 짜깁기를 해서 맞춰가는 그런 식으로 쭈욱 맞춰가는 방법을 하는 것이 쌍서열정렬이 있다.

multiple alignment는 주로 여러 개의 정렬을 이런 식으로 따로따로

제5장. 단백질 정보 활용에 대해

비교하는 방식을 쓰는 건데 주로 모티프를 찾거나 계통적인 어떤 특징들을 보고 있거나 같은 패밀리 간에 어떤 상관성을 갖고 있는지 등 이런 것들을 분석하는데 쓰여지는 것이 multiple alignment 소위 복서열정렬이라고 한다.

그다음에 global과 local은 이런 식으로 아주 부분적으로만 비교하는 것을 local, global은 좀 더 넓게 비교하는 방식을 쓰는 것이 global alignment다. 그래서 비교하는데 있어서 성격이 조금 다른 경우로 이루어진 게 globla과 local이고 대표적으로 global은 이렇게(FTFTAL/F--TAL) 비교가 되지만 Local은 이렇게(FTFTALIL/--FTAL-L) 비교가 돼서 실제로 mechanism이 조금은 달라요 복서열정렬의 경우는 global alignment를 많이 쓰고 쌍서열정렬의 경우는 local alignment를 꽤 많이 쓰는데 그래서 global alignment는 메커니즘 상 Needleman-Wunsch 알고리즘이라고 하는 이 알고리즘을 많이 따라가고 Smith-Waterman 알고리즘이라고 하는 건 local alignment에서 많이 따라가는 방식을 쓰는 경우가 많습니다.

그래서 어떻게 보면 서열정렬을 통해서 문제를 풀어갈 때 가능하면 짧은 것끼리 맞추어서 긴 쪽으로 맞추어 가는 방식을 쓴다라는게 longest common subsequence problem solving 방법을 쓴다라는 것이죠.

그래서 어떻게 보면 이런 것을 맞추어서 맞춘 다음에 짜깁기를 해서 문제를 풀어가는 그런 식으로 하는 것이다. 먼저 local alignment 메커니즘의 Smith-Waterman 알고리즘은 일종의 local alignment인데 뉴클레오타이드랑 protein을 이런 식으로 정렬을 해요 그래서 유사한 놈이 있으면 거기에 점수를 주고 또 다음 것에 점수를 더 높게 주는 방식을 쓰는 것. 그게 일종의 스미스-워터만 알고리즘인데 이걸 통해서 예를 들어 지금 보면 2개가 있다고 치면 경계조건을 입력하고 맞춰서 계속 같으면 계속 점수가 가다가 틀린 거 있으면 다시 0이 되고 그래서 결국은 유사한 놈이 가다가 이쪽은 틀렸으니까 건너뛰는 거고 이런 식으로 이렇게 그것의 연결을 찾아서 최적화된 코스를 찾는 방식으로 프로그램된 방법이 스미스 워터만 알고리즘이고 그것에 의한 alignment가 local alignment로 보시면 되요.

예를 들어서 아까 프로틴 서열 정렬 아까는 dna인데 이렇게 프로틴 서열 정렬을 했을 때 이런 식으로 연결방식을 갖고 있으니까 아 여기가 유사하고 이 부분이 유사구나. 그래서 가장 짧은 길이를 선택하는거에요. 결국은 유사한 쪽이 나왔으니까 그걸 연결할 수 있는 게 여기겠구나 경로상 이렇게 갈 수 있고 이렇게 발 수 있으니까 그것은 어떤 경로를 선택하느냐에 따라서 유사한 부분정렬을 시키는게 달라질 수 있겠죠. 어쨌든 처음부터 점으로 dot matrix를 만들어놓고 비교해서 연결되는 쪽을 찾아가는 그런 식의 연결이 안 되면 건너 뛰는거고 이런 식으로 해서 연결하는게 local alignment고 그런 식의 프로그램들이 지금 여기 나와 있었던 앞에서 얘기했던 프로그램들이 그런 작업을 진행하는 것이다.

그중에 하나가 FASTA라는 프로그램이 있고 그게 소프트웨어로서는 FASTA alignment라고 하는 빠른 alignment하는 방식 프로그램이고 FASTA 프로그램들이 Smith-Waterman 알고리즘을 따라가는 전형적인 거고 인터페이스 여러 가지 포맷으로도 쓰이긴 하지만 기본적으로 프로그램으로 쓰는 FASTA 프로그램이다.

그래서 이제 여기가 FASTA 프로그램 사이트 보여주고 있는거고 여기에 ~하면 서열이 이렇게 있으면 유사성이 있는 부분을 이렇게 정렬을 딱 해서 전체 점수를 딱 매겨놓고 그 다음에 연결되는 부분을 찾아서 결국은 연결하는 방식을 찾아들어가는 방식의 방법을 쓰는 것이 유사성을 찾아가는 FASTA를 활용한 스위스-워터만 알고리즘을 사용한 유사성 분석의 방법이다.

그래서 이렇게 검색결과가 색깔이 빨간색이면 유사성이 높은 거고 조금 색깔이 ~하면 유사성이 조금 떨어지는 결과가 나온다. 아까 잠깐 이야기했던 것처럼 FASTA Format이 있는데 fasta format은 일종의 dna와 핵산과 아미노산을 single letter 코드화시켜서 문자화시켜낸 코돈이다. 그래서 우리가 편하게 정렬을 하고 할 수 있다.

보통 시작을 할 때 앞부분에 이렇게 해서 서열 이름 쓰고 서열 자체를 문자화된 코드를 쓰고 한 행에다가 주로 60개 문자를 쓰고 그다음에 갭은 - 를 쓰고 맨 끝에 *를 쓰기도 하고 쓰지 않기도 하고 이거를 FASTA Format이라고 하고 일종의 문자화된 코드 그래서 실제로 이런 식으로 많이 쓰게 된다.

그다음에 BLAST같은 경우는 Basic local alignment tool이라고 하는데 얘도 실제로는 약간의 스위스-워터만 알고리즘과 비슷하긴 하지만 조금 다른 것들이 word method라고 하는 단백질의 서열이 만약 있다고 치면 그걸 크기별로 쭉 잘게 쪼개서 word 카드를 갖다 그걸 db에 던져서 유사한 애를 끄집어내는 거지 그래서 끄집어내서 유사한 놈 있으면 그다음 것도 유사한 놈 유사한 놈 유사한 놈 해서 그런 식으로 정렬을 해서 결과를 내는 방식이 일종의 word method를 쓰는 방식의 blast를 스는 작동 알고리즘이 된다.

protein blast든 nucleotide blast든 방식이 비슷한 알고리즘을 쓰는데 여기 게놈도 있고 blast가 있는데 이게 여기에 쓰여지는 조건들이 있어요. 이거 잠깐 지난 시간에 넘어가긴 했지만 몇 가지 따라 붙어야 되는 데이터베이스들의 종류에 따라 nr은 중복서열이 없는 거고 pat은 특허에 들어가 있는 것, Yeast, ecoli, pdb에 있는거 초파리에 있는 거 최근 30일 이내에 나온 것 이런 식으로 종류별로 데이터베이스가 나누어진다. 그것 좀 알아둘 필요가 있고요.

여기 보면 이거는 다음 시간에 설명을 하고 진행이 될 텐데 threshold

value라는 것, word size 아까 쪼개는 단어 사이즈를 얼마로 할거냐는 것, gap에 coast를 얼마를 집어넣을 거고 compositional 어떤 스코어를 얼마를 맞추고 어떤 것 잘라내고, 어떤 Matrix를 쓸 것인가 이걸 blosum과 그 value들이 있어요 이거는 나중에 이야기를 한다.

그래서 아마 실제로 데이터베이스를 가지고 이게 아마 Dullard protein sequence일 텐데 이걸 한번 서칭 하는 것을 잠깐 연습을 해 줄 거고 이렇게 해서 나온 결과 여러분들에게 take home quiz로 dna 서열이랑 protein 서열 2개를 줄 거고 이 서열을 그대로 가져다가 1번을 사용해서 이 순서대로 NR db의 순서로 처음에 이런 조건으로 threshold 값이랑 이 조건으로 한번 해보고 megablast 해가지고 word size, blastN에서 word 사이즈 해서 각각을 계속 진행을 한번 해보면서 결과를 보면 되고요 그다음에 protein서열을 가지고 threshold값 word 사이즈 값, 디폴트값 해서 e-value 뭐 이런 식으로 해서 blastp iteraton해서 계속 어느 정도까지 나오는지 이런 거 했을 텐데 최근에 이거는 잘 안 나오더라고 어쨌든 이런 식으로 주어진 순서대로 문제를 풀어서 내면 되고 그것에 대한 solution이 tls에 solution이라기 보다 풀어가는 비슷한 유형 참고할만한 자료가 tls 12주차에 있는 pdf 파일이거든 그거 참고해서 한번 풀어보시면 될 것 같습니다. 오늘 수업은 이 정도로 해서 blast 했던 이야기를 다시 한번 정리를 할거고 아마 그걸 기반으로 다음 수업 시간에 조금 더 요 연습을 한번 word size 하나하나 수정하는 걸 진행할 것이다.

여기는 스위스-워터만 알고리즘을 통한 local alignment쪽에 포커싱을 맞췄고 아마도 blast를 사용하는 거 그거 연습하는 거를 아마 다음 시간에 조금 더 하게 될 거고 multiple sequence alignment를 좀 설명할 거고 그 프로그램은 T-Coffee라는 프로그램을 좀 쓸 텐데 책자로 옛날에는 나눠주고 그랬었는데 책자를 참고를 할 필요는 있어요.

어쨌든 global alignmet tool로 쓰여지고 있고 어떻게 보면 복서열정렬적 multiple sequence alignment 하는 쪽에 쓰여지는 방법으로 Needleman-Wunsch 알고리즘. 결국은 이건 한 마디로 이야기하면 여러 가지의 alignment 하는데 있어서 가장 서열이 10개라고 치면 10개가 얼마나 유사한 점수를 갖게 되느냐를 찾아가는 방식의 알고리즘을 쓰는 것이다. 결국은 아미노산 서열이 이런 식으로 있다고 치면 스위스-워터만 알고리즘은 어떻게 보면 직접적으로 계산되어진 최적화된 경로만을 찾는 방식을 쓰는 거고 needleman-wunsch는 조금 더 점수를 큰 쪽으로 계산하는 선형대수 수학 행렬계산을 한다고 보시면 될 것 같아요.

예를 들어서 이렇게 서열 정렬 2개를 한다고 치고 점수상으로 2개를 비교했을 때 연결되는 부분을 찾는 건데 그건 기본적으로 개념은 비슷한데 조금 더 넓은

시스템생물학 기초

개념으로 가게 되는 거고 어느 정도 조금의 유사성이라도 있으면 바로 넘어가는 조금더 글로벌하게 alignment한다 라는 측면이다.

그래서 이런 식의 비슷한 프로그램들이 있어요. 이건 약자로 visualization tool for alignment라고 하는 약자고 이건 dna나 그런 것들을 큰 길이에 대한 비교를 할 때 쓰여지는 프로그램이다.

프로그램을 찾아보면 이런 브라우저가 있고 사이트들이 있습니다. 이건 다음 시간에 서치를 해보면 되는데 이런 식으로 조금 긴 게놈 사이즈 수십억 basepair에 해당되는 것들을 비교한다든지 하는데 쓰여지는 프로그램이 VISTA 프로그램입니다.

그래서 우리가 통상 쓰고 있는 FASTA, BLAST, VISTA 프로그램들은 속도적 측면에서는 괜찮아요. 민감도 정확도 측면에서는 조금 떨어진다고 볼 수 있고. 그런 것들을 조금 더 자세하게 하는 메카니즘을 갖고 있는게 Frame+, FramSearch 인데 이런 것들은 속도가 조금 느리다는 단점이 있습니다. 어떻게 보면 속도와 민감도를 최대한 최적화하는 방법을 찾으려고 하는 게 생명정보학자들의 꿈이라고 볼 수 있어요. 이때, global alignment를 하면서 또 따라붙는 내지 BLAST에서도 조금 나오는 게 이때 어떤 행렬을 쓸 것인가, 소위 얼마만큼 잔기가 다른 거를 인정해줄 수 있을 것인가에 대한 하나의 잣대가 PAM value랑 BLOSUM value라는 게 있어요.

PAM value는 point accepted mutation이라고 해서 sequence alignment를 했을 때 주어지는 matrix 안에서 어느 정도의 돌연변이를 받아들일 것이냐 그것의 점수에 따라 차이가 나는 거고 이 부분을 실제로 blast 했을 때 조금씩 value를 바꿔가면서 보시면 될 것 같고 실제로 중요한건 어떻게 보면 서열 A라는 것과 B라는 게 실제로는 A가 B로 변한 것이 아니라 공통조상에서 따로 변한 것이기 때문에 그것을 어떤 식의 유사성으로 보는 것이다. 예를 들어 이건 B가 D로 변한거고 이건 A가 C로 변한 것이기 때문에 결국은 이 2개의 비교를 통해서 유사하게 받아들이냐는 건 결국은 얼마만큼 돌연변이에 대한 유사성을 받아들일 것이냐?

그래서 PAM value는 실제로 값이 크면 클수록 친화적 거리가 꽤 멀다는 것. 그러니까 point accepted mutaion 자체가 퍼센트가 차이가 꽤 큰 경우까지도 인정하는 거라고 보시면 되겠고 PAM 0는 거의 차이가 조금만 달라도 다른걸로 봐요 이런 식의 PAM value, PAM 뜻이고 BLOSUM은 BLOkcs of Amino Acid SUbstitution Matrix라고 그래서 어떤 치환된 matrix를 사용할 것이냐에 대한 데이터베이스를 쓰는 거고. 그래서 실제로 PAM value랑 BLOSUM value는 조금 반비례적 관계를 갖고 있다. 그런 성질을 가지고 있어요.

그래서 실제로 어떤 블락을 써서 유사성을 찾아내는 것이 행렬을 어떤 행렬을 쓸 것이냐에 대한 value로 드러나는 것. 그래서 실제로 어떤 행렬 자체의 비교부분들을 어떤 부분들을 끄집어내서 비교를 할 것인가?

그래서 PAM value가 크면 클 수록 BLOSUM value는 좀 작은 쪽. 왜냐하면 결국은 정렬 자체를 상동성이 조금 좁게 보는 형태의 비교를 통해서 가는 거고 BLOSUM은 좀 크게 보는 그니까 0가 되면 상동성 100%니까 조금 더 큰 것의 유사성을 따지는 개념이기 때문에 PAM과 BLOSUM의 관계는 이런 식의 반비례적 관계가 있다. 그래서 이런 방법을 통해서 진행하는 게 Multiple sequence alignment인데 그 여러개를 하나씩 하나씩 비교를 해서 여러 개를 맞추어가는 방법 중에 하나가 바로 STAR 다중 정렬법이라고 하는 그니까 소위 하나 맞추고 두 개 맞추고 별같이 짜깁기를 해서 하나해서 나중에 점수를 최종적으로 산출해내는 이런 방법을 쓰는 건데 결국은 각각이 2차원적인 matrix 3차원적인 matirx라고 치면 하나씩 이렇게 비교하고 거기서 최적화된 경로를 찾고 또 다음 거 찾고 또 다음 거 찾고 이런 식으로 가급적이면 그런 식으로 수학적으로 하나씩 하나씩 정렬해나가는 방식인거고 STAR 다중 정렬법은 예를 들어서 별처럼 하나를 중심에 놓고서 거기에 다른 놈을 상대비교를 통해서 점수를 해가지고 이렇게 순차적으로 alignment하는 tool이 바로 ClustalW, PileUp이라고 하는 프로그램들이 하나씩 하나씩 맞추어 가는 progressive alignment라고 하는 방법을 쓰고 이제 그게 ClustalW라는 프로그램과 다음에 이 알고리즘은 이렇게 쌍서열정렬을 다 해가지고 matrix를 또 만들고 가까운 놈끼리 엮어서 정리해내는 방법 그래서 이거를 최근접이웃법이라고 해서 nearest joining하는 가까운 이웃끼리 nearest neighbor joining이라고 해서 NJ이웃법이라는 방법을 통해서 가까운 놈을 먼저 맞추고 그다음 맞추고 그 다음 맞추고, 맞추고, 맞추고, 맞추고 해서 이런 식으로 Multiple하게 정렬하는 방법을 쓰는 프로그램이 ClustalW고 그것이 ClustalW 알고리즘인 것이다. 그 다음에 이런 정렬을 하다보면 이렇게 얻어지는 경우들이 있는데 dendrogram이라고 하는데 보통 호모사피엔스, 침팬지, 고릴라, 오랑우탄, 거리적 관계들 그때 주어지는 이 얼마의 value들을 가중지W라고 하는 소위 얼마만큼 연결성에 대한 유사성을 찾는 것을 가중치W라고 하는 것이다. 그래서 이제 이런 식의 프로그램들을 Multiple sequence alignment라고 보통 하고 그 목적은 여러 개의 서열들을 정렬을 통해서 상호적관계가 어떻게 되어있는것인가에 대한 걸 들여다보는 거고 그게 이제 다음 시간에 진행되는 계통분석이라는 것으로 연결되어 진다. 특히 단백질의 경우에서 도메인이라던지 3차원적인 구조라던지 그 다음에 dna 뉴클레오타이드의 유사성을 찾는다던지 이런 식의 개념에 하는 것이다. 이게 전형적인 각 종별로 유사한 서열 부분들을 이게 어떤.. 이게 동일하다는 건 단백질 내에서 중요한 기능을 하는 부분이라는 거고 어떤 활성 부위일 수도 있는 거고 특정한 도메인 부분일 수도 있는 거죠. 그런 것들을 찾는데 쓰여지는 프로그램이다.

이게 이제 여기 나와 있는 ClustalW부터 시작해서 KALIGN, 여러 가지가 있고 아마 여러분들에게 다음 시간에 보여주게 되는 프로그램은 T-Coffee가 되겠지요. 그래서 이게 아마 clustalw 프로그램 사이트가 되고 그 다음에 t-coffee라는 프로그램을 찾아서 여기에 이런 식으로 sequence 이런 식의 특히 이런 걸 집어넣을 때 프로그램은 그거를 FASTA 포맷으로 집어넣어지고 이런 식의 정렬을 하면 이런 식의 결과를 도출하게 되어있고 최종적으로 경우에 따라서는 색깔을 빨간색은 되게 유사한 거고 노란색은 조금 차이가 있는 부분들이고 빈 데가 무슨 의미가 있을까 이걸 찾는다던지 하는 방법으로 쓰여진다는 것이다. 그리고 이게 여러분들이 DULLARD라고 하는 3가지 human, zebrafish, yeast 해가지고 t-coffee를 돌려서 한번 결과를 보고하는 것. 이게 여러분들에게 어떻게 보면 practice도 되고 take home quiz로도 진행을 하셔야 될 겁니다.

오늘 수업은 서열 정렬의 기초적인 개념들 Needleman-Wunsch 알고리즘과 Smith-Waterman 알고리즘에 있어서의 개념적인 부분들을 조금 이해하려고 하는 노력이 필요할거라고 생각합니다. 온라인 수업 속 내용을 들어서 알겠지만 블라스트 서치 하는 거 연습하고, 그다음에 개념 좀 이해하는 것 이런 것들이 좀 중한 부분인데 특히 실습을 보여주긴 하겠지만 그게 이제 결국은 복서열 정렬이라는 것으로 가게 돼서 결국은 멀티플 시퀀스 얼라이먼트라는 것을 통해서 계통 분석이라는 걸로 넘어가는 데 일단 그걸 오늘하고 다음 주에 조금 설명하지 않을 까 싶은데 아마 지난 시간에 여러분들에게 서열정리와 관련된 몇가지만 실습을 보여주고 그 다음에 진도를 나갈게요. 동영상으로 블라스트 얘기랑 블라스트 서치 하는 부분 이거를 잠깐 보여 줬을 거야 그리고 아마 여러분들한테 take home quiz 도 진행을 하라고 얘기를 했을 거고 그중에 dynamic programming 이러한 용어들이랑 몇가지 컨셉을 좀 이해를 할 필요가 있을 거야. 특히 이런 행렬을 만들어서 메트릭스를 만들어서 서열이 유사한 부분으로 갈수록 숫자를 찾아가는 그런 이거는 하나의 가시화 시킨 건데 그런 알고리즘을 여기다가 넣는 거야. 그 얘기를 지금하고 있는 거고 그리고 FAST랑 FAST format있고 blast 하는 거 이거를 아마 여러분들이 프로틴 서열을 가지고 요거를 한 번 잠깐 연습을 해볼 거야. 이건 아마 take home quiz 퀴즈에 관한 건데 요거가 여러분들 내가 해답 비슷한 걸 올려놓긴 했어. tls에 보면 12주차 pdf 파일이 해답이야. 이걸 참고해서 보시면 될 것 같고, 이 파일은 센터 크로스에 있는 대학에서 수업에서 제출한 숙제이다. blast라는 걸 잠깐 리마인드하면, blast에 가면 nucleotide blast랑 protein blast가 있어 오늘은 아마 protein blast를 중심으로 해서 진행을 할 거야. 개념은 거의 비슷해 그렇기 때문에 크게 터치 할 건 없어. 아까 봤던 서열들을 예를 들어서 요거를 가지고 요거를

제5장. 단백질 정보 활용에 대해

어떻게 되는가를 설명을 할려고 하는 거야. 예를 들어서 여기다가 서열을 집어넣고 그다음에 설명을 했듯이 보통 data base는 옛날 data base를 많이 쓴다고 했어 non-redundent protein sequences(nr), 그다음에 나머지는 필요하면 하시면 되고 대부분은 blastp하시면 되고, 그니까 한 번씩 연습은 해보세요. 이걸 하면 어떤 결과가 나오는지 그거는 좀 있다가 과제를 하면서 얘기를 하겠지만, 중요한 건 알고리즘 파라미터인데 일단은 기본적으로 타겟 시퀀스 숫자 개수, threshold 값 이것도 변화를 줄 수 있습니다. 실제로는 하면 되고, 그다음은 world size를 얼마를 끌고 가느냐 그걸 말하는 거야.

　그다음에 이게 바로 핵심 중에 하나인데 blosum이라고 하는 12주차 수업에 보면 point accepted mutation 하고 blosum이라는 두 가지 컨셉이 있거든. 이 두 가지가 알고 보면 실제로 반대개념이야 실제로는 이거를 바꿔서 한 번씩 해보라고. 어떤 결과를 도출을 하는지 연습을 해보라는 거야. 그다음에 existence, exienston gap cost라고 하는 건데 일반적으로 gap을 어느 정도까지 인정을 하느냐. 이거를 실제를 조금 더 확장해 볼 수 있다. 그다음에 어떤 matrix를 쓸 것이냐 인데 보통은 conditional compositional score matrix라고 하는 이런 matrix를 그대로 쓴다는 거야. 그런데 이게 조건이거든 그리고 나서 이거를 blast를 해보라는 거야. blast하면 어떤 결과가 나올거잖아? 그거를 예를 들어서 해보면 여러 가지 조건을 다르게 해서 어떤 결과가 나오는지 연습을 해보라는 거야. 그리고 나서 PAM과 blosum 대한 컨셉을 이해하기 위해서 연습을 해보라는 거야. 오늘은 두 번째로는 ClustalW 랑 T-coffee 이거를 잠깐 연습을 할 것이다. 퍼센트 별로 E-value를 주고 커버를 해서 필터를 할 수도 있고 reset 처음으로 다시 돌아갈 수 있어. 그 다음에 잘 보면 이 결과를 save할 수 있고 편집할 수 도 있고 여러 가지 기능들이 있습니다. 그 다음에 job title에 보면 옛날하고 다른 점이 있긴 한데 결과를 보고 다운로드를 받을 수도 있어. 그와 비슷하게 take home quiz11 이거는 DNA 서열을 가지고 이거를 NRDB에 어떻게 되있는지 mega blast를 해보라는 거야. 그다음에 마찬가지로 프로틴 서열 이거를 가지고 mystery-seq-2을 통해서 psi blast를 threshold=0.1, word size=2 이런 식으로 하고 처음 했을 때 E-value 얼마나 나오는가? 개념은 반복적인 서열을 돌렸을 때 어떠한 결과가 나오는지 해보라는 거야. 시간이 되면 처음 조건에 가서 protein blast에 가서 알로리즘 파라미터를 각자 하나씩 조정해 보라는 거지. 그 의미가 뭔지 한 번 연습을 해보라는 거고, 그다음에 오늘 연습을 할 것 중에 ClustalW 이게 multiple sequence alignment라는 tool 중에 하나이다. 서열로 예시를 들어 놓은 게, 이렇게 서열을 줬는데 예를 들어서 take home quiz 12에 있는 건데 이거 세 개 서열을 가지고 multiple sequence alignment 넣고 그대로 실행을 시켜 주면 된다. '〉'표시가 들어가 있어야 돼. 왜 그러냐면 서열 간의 구별을 해줘야 되니까. 그래서 이거를 실행하면 결과가 나온다. ClustalW도 보면 조건들이 있어. 기본적으로는 비슷한 거 해보면 되는데 한 번씩 해보라. T-coffee인데 이 tool을 들어가면 종류가 여러 개 있어. protein쪽 RNA, DNA 이렇게 있다. DNA, protein 쪽은 expresss 이거는 구조를 alignment하는 거고 M-coffee는 지금 많이 쓰고 있는 여러 가지 것들 transmembrane part만 protein을 가지고 하는 것도 있고, homology를 중심으로 하는 것도 있어. 오늘은 m-coffee를 하신다고 보면 돼. 여기서 서열을 그대로 넣으시고 그 다음에 이메일 주소를 넣어도 되고 아니면 업로드 파일해서 제출하면 이걸 runing을 합니다. 그래서 보통 그렇게 시간이 별로 안 걸려 서열을 3개 밖에 안 넣었기 때문이다. 그래서 이렇게 해서 이 결과를 t-coffee를 써서 하면 이런 결과를 얻을 거야 아마 이런 식의 비슷한 결과를 얻을 텐데 이게 multiple squence alignment라는 tool이야. 여기까지가 서열정리에 대한 얘기이다.

오늘하고 아마 다음 주까지 주로 얘기가 되는 게 무엇이냐면 계통분석이라고 하는 거에 대한 얘기를 할 거야. 오늘은 계통분석이라고 하는 걸 할 텐데. 말 그대로 phylogenetic analysis라고 하는 말 이거를 한국말로 하면 계통 분석이라고 go. 이거를 조금 이해하기 쉽게 표현하면 족보그림을 그린다고 생각하면 되는 거야. 나 같은 경우는 김해 김씨란 말이야. 그럼 우리가 김해 김씨 경파야. 김수로부터 시작해서 김수로가 누굴 낳고 누굴 낳고 쭉 있듯이 마찬가지야.

진화라고 하는 것도 어떤 진화적 단계에서 보면 예를 들어서 지금 있는 생명체들을 놓고 봤을 때이다. 생명체를 보통 세 가지로 나누거든 하나가 원핵생물, 진핵생물계, 고세균계라고 하는 이런 식으로 나누잖아. 이걸 프레젠테이션하는 것 그게 바로 phylogenetic tree 바로 계통수 나무수야. 그래서 이것도 여러 가지 방식이 있어. 계통분석이란걸 하는 이유가 뭘까? 핵심적인건 우리가 족보를 왜 써. 내 조상이 누구인지 알아야 되는 이유가 뭐야? 지금 입장에서 보면 나의 친척이 누구인지 아는 거랑 똑같은 것처럼 그런 유사성을 찾아가는 것이다. 결국은 계통 분석을 하는 이유는 기본적으로는 진화적 관계도를 들여다 봄으로써 protein의 기능적인 해석을 하고자 하는 거야. 단백질만 들여다 본다고 치면 단백질이 내가 가지고 있는 단백질 질문을 하나 하면 침팬지는 술을 마실 수 있을까? 얘네들은 술 먹으면 죽어 왜냐면 대사를 못하고 독으로 작용하기 때문에 죽어 (양에 달려있긴하지만). 사람은 술을 먹을 줄 안다말이야. 왜 그럴까? 진화적으로 그 이유가 있는거야. 쉽게 얘기해서 떨어진 포도, 썩어서 발효된 표도 있다고 하면 에탄올을 못 먹으면 그걸 못 먹어. 근데 그걸 생존을 위해서는 어쩔 수 없이 먹어야 되잖아. 그러다 보니 알코올 분해하는 효소를 진화시킨 거지. 근데 의외로 그 차이가 크지 않아. 어떻게 보면 알코올 분해 효소의 효능이 뛰어난 사람이랑 효능이 떨어지는

제5장. 단백질 정보 활용에 대해

사람하고 돌연변이가 1~2개 밖에 차이가 없어서, 마찬가지야 진화적으로 보면 그런 효소들을 진화하는 것들 그런 진화적 관계들이 있단 말이야. 그니까 어떤 원숭이는 그런 쪽으로 개발을 하지 않은 거고 우리 같은 경우는 개발을 하는 거지. 그러기 때문에 왜 우리가 선택적으로 에탄올을 먹게 되는지. 이런 것들을 해석하게 되는 거고 설명이 될 수 있는 거지. 결국은 계통 분석이라고 하는 기본적인 것은 진화적 관계를 들여다보는 것에 있어서 중요한 역할들을 여러 가지 질문들을 해석해 낼 수 있다는 거지. 그러니까 우리가 뭐 요즘 내가 얼마전에 본 질문 중에 팬더곰 있지. 팬더곰은 알다시피 자식을 많이 생산하지 않아. 그런데도 왜 걔네들은 진화적 관점에서 멸종되지 않았을까? 하나의 썰인데 그중에 하나가 팬더곰이 눈이 큰 것처럼 보이지 실제로는 작은데. 눈 주위에 검은 게 있는데 그게 왜 그러냐면 귀엽게 하기 위해서이다. 그러니까 왜 얘들이 귀엽다고 생각하냐면 눈이 크고 토실토실하게 생긴 그런 모양이 귀여움 이거든 그런 귀여움을 팬더곰은 귀여움을 선택을 한거야. 그래서 멸종이라는 과정에서 약간 벗어날 수 있었다는 썰도 있다. 그런 다양한 부분들을 해석해 내는 데 계통분석이라는 게 중요하다는 거야. 그래서 기본적으로는 계통분석은 진화적인 관점에서 모든 걸 들여다보는 거야. 여기도 나오지만 중요한 얘기 중에 기능을 예측을 한다든지 혹은 유전자의 상반관계가 어떻게 되는지, 또는 다양한 생체 내의 시스템들이 어떤 상호적 관계를 가지고 있는지? 그런데 문제는 기본적으로 가장 논쟁이 되는 것 중에 진화에 대해서는 대부분 다 시간이 지나면서 진화합니다. 라는건 설명이 되있어.

　　질문을 하나 하면 진화라는 말이 진보라는 것이 나아진다라는 착각 때문에 진화도 나아지는 방향으로 생각하는데 진화에서는 나아지는 것이 없고 랜덤으로 가는거야. 그중에서 살아남은 것만 선택되는 거야. 중요한 건 속도랑 어떤 과정 메카니즘이 어떻게 되는 것에서는 약간의 논쟁이 있다는 거지. 어쨌든 중요한 건 이런 것들을 설명하기 위해서 계통 분석이라는 것을 통해서 만들어내는 phyloenetic tree 계통수 라는 것을 만들어 내는 게 중요한 거고 그래서 우리가 그걸 하는 거다. 계통분석을 하는 것을 phyloenetic 계통학 계통분석학 이렇게 얘기하고 이걸를 다른 말로 phyloenetic systematics 또는 cladism 이런 식의 용어들이 있어. 좀 더 다르게 들어가는 게 Molecular phyloenetic 하는 것 그러니까 소위 진화에 대한 설명을 옛날에는 무얼 가지고 했나? 질문을 하나 하면 공룡은 멸종을 했냐 안했냐? 공룡은 멸종 안 했어. 공룡의 후손은 누구냐면 새야. 새들이 실제로는 공룡의 후손이야 그걸 어떻게 밝혀졌냐면, 공룡이 파충류로 이해를 하는데 실제로는 파충류에서 약간의 조류로 진화된 것이다. 그러니까 공룡이 다 살아남은 건 아니고 그 중에 일부로 진화했고, 다시 말해 공룡은 멸종된 게 아니라는 거지. 그걸 어떻게 알아 냈을까? 새들이 왜 날 수 있을까 보면 기도 부분이 비어 있는 부분이 있거든.

시스템생물학 기초

그런 것처럼 해부학적 구조로 진화 관계를 많이 들여다봤어. 박쥐가 왜 포유류인지 알지 해부학적으로 보면 날개가 있지만 그 날개가 알고 보면 손의 변형이라는 것이다. 이런 것들에 대한 여러 가지 데이터들을 통해서 형태학적인 개념에서 접근한 것이다. 요즘에 어떻게 되느냐 진화관계를 유전자 수준까지 단백질 수준까지 내려가는 그거를 바로 Molecular phylogenetic라고 얘기를 하는 거지. 그래서 중요한 것 중에 하나는 분자 진화의 개념이 나오기 시작하는 거지. 결국 진화라고 하는 거는 내가 이렇게 생기는 이유는 내가 내 몸에 가지고 있는 많은 프로테인들과 거기에 있는 유전자를 통해서 발현된 여러 가지 현상들의 종합체가 내가 생긴 모양이 나오듯이 진화라는 것도 결국은 DNA나 단백질 서열들로부터 설명이 되어된다는 거야. 그런걸 통해서 결국은 여러 가지 것들을 우리가 해석할 수 있고 그러기 때문에 그 서열을 비교함으로써, 유전자 서열이나 단백질 서열을 비교함으로써 어디 부분에 돌연변이가 생겼고 어느 부분이 변화가 생겼는가 그걸 통해서 상호적 관계들을 들여다 볼 수 있다는 거야

용어 중에 하나는 오르토로그가 있고 하나는 파라로그라는 말이 있는데, 오르토로그는 진화적으로 관련이 있으면서 기능을 공유하고 다른 종들 간의 종의 분화에 의해서 쉽게 말해서 사람이 가지고 있는 a라는 단백질이 있고 개나 침팬지가 가지고 있는 b라는 단백질이 있다. 서로 간의 기능이 똑같다 이를 오르토로그라고 하는 거야. 파라로그는 실제로는 조상은 똑같은데 유전자가 중복되어진 거고 그러다 보니 동일한 유전체에 존재는 하지만 실제로는 다른 기능을 하는 것들을 파라로그라 하는 거야. 예를 들어서 사람의 손과 발은 실제 출발은 똑같았을 거야. 물고기로 보면 지느러미 쪽이잖아. 이게 진화적인 과정에서 다르게 나가는 거지. 몇 가지 얘기가 있는데 이런 것들을 묶어서 homologs라고 해. 오솔로그는 서로 다른 종 중에 유사한 기능을 가지고 있는 것들. 파라로그는 한 종 중에 유전자의 duplication인데 기능이 좀 다른 거지. 그다음에 xenologs는 아예 다른 종 서로 다른 종의 상호관계. homolog가 조금 더 큰 개념인 상동체라고 하는 유사한 놈들끼리 모아놓은 거. 오솔로그는 유전적인 상호관계에 있는 것들 파라로그는 아까 얘기한 데로 유전자의 중복성에 대해서 나타난 건데 기능이 좀 다르게 나가는 것. 진핵 생물의 경우는 생물 시스템계에서 조금 더 나눠져서 동물, 식물 이런 식으로 나눠진다. 계통수를 표현하는 방법에는 뿌리가 있는 것과 뿌리가 없는 것이 존재한다. 그래서 계통수에 대해서 우리가 알아야 되는 몇 가지 용어가 있습니다.

첫 번째 계통수라는 게 루트가 있다. 항상 출발점 Ancestral node라고 하는 쉽게 얘기하면 김해 김씨는 시작이 김수로가 되는 거지 이론적으로는 맨 끝에 있는 것이 Terminal Node(OTU) 이거를 결정하는 두 가지-하나는 형태학적인 요소가 될 수도 있고 시퀀스 데이터가 있을 수 있고, 이제 가운데 껴있는 것은 internal

제5장. 단백질 정보 활용에 대해

node라고 하고 이거를 어떤 식으로 나가느냐에 따라 bifurcation, polytomy그래서 일종의 수치적 개념이야. 그래서 이거를 어떤 족이라는 개념으로 Clade 같은 유사한 놈들 끼리이다. 그래서 용어를 좀 기억을 하세요 그 다음에 types이 뿌리가 있는 것에서 빠져나가는 rooted 뿌리가 없는 것에서 주어지는 Unrooted 이 있고 또는 clade를 보여주는 cladogram 그 다음에 단계적으로 보여주는 phylogram 근데 phylogram이라는 표현 보다 실제로는 dendrogram이란 표현을 많이 쓴데. 그래서 문제는 우리가 인제 이런식의 계통 분석을 해서 얻어낸 결과가 있다고 치면 결국은 그것을 해석을 어디서 하느냐 이들간의 오솔로그가 어떤거고 파라로그가 어떤 건지 찾는거지. 여기에 관련된 아주 유명한 프로그램이 이 phylip programs 라는 프로그램이야. 요거는 여기 사이트에 가서 찾아도 되고 인터넷 가서 셔치 하면 필립이라는 프로그램이 나옵니다. 그래서 전부다 독립적으로 역할을 하는 프로그램들이야. 무슨 얘기냐면 각각의 기능이 필립을 하기 위해서 필요로 하는 기능들이 있는 프로그램이야. 예들 들어서 거리를 분석하거나 혹은 메트릭스를 만들어서 그거를 어떤 걸 하거나 이런 식의 프로그램들이 있어. 그 다음에 조금 연결을 해서 계통분석이라고 하는 거가 진화적 상관관계를 통해서 만들어지는 분자들 간의 상호적 연결도를 통해서 하는 거야. 그러다 보니 계통수를 만들다 보니 계통수를 만드는 데 가장 중요한건 서열을 어쩔수 없이 정렬을 해야해 그것도 복서열을 해야 한다. 그 다음에 그걸 가지고 계통수를 만들어 가는데, 이 걸 만드는 대표적인 방법이 두 가지를 하는데 먼저 하나가 Nearest neighbor joining인데 무슨 말이냐 가까운 것들끼리 먼저 붙이는 거야. 그다음에 most parsimonious method라는 건 parsimonious가 원래 절약한, 인색한 이런 말이거든 그래서 뭔가 조금만 차이가 있으면 빼버린다는 거야. 그게 어떠한 형태의 계산 방식과 어떠한 형태의 데이터를 사용하느냐에 따라 나눠서 설명을 해. 먼저 첫 번째가 최적의 조건을 먼저 결정하고 하는 방법이 있고 군집화를 시켜서 묶어가는 방법이 있고, 그다음에 메트릭스를 문자를 중심으로하는 거 거리를 중심으로 하는 거를 이용하는 것이다. 그거에 따라 parsimony, maximum likelihood, minimum evolution, least squares, upgma, neighor-joining 라는 거야. 이게 이제 군집화에 대한 부분과 거리 메트릭스에 대해서 쓰는 거야. 그니까 각각의 계통수의 분석을 하는 방법론들이야. 그걸 가지고 해석을 해서 그림을 그리는 것이다. 그래서 nnj 는 대표적으로 뭐냐? 정렬을 해 서열 정렬을 해서 거리를 먼저 계산을 해. 그래서 이 중에 가까운 놈들끼리 먼저 묶는 거야. 이거는 무슨 얘기냐 기본적으로 이놈들이 거리상으로 좀 더 가깝다는 거지 그리고 어떻게 보면 진화적 거리를 보여주고 있는 데이터야 그래서 의미가 커. 그렇지만 단점은 서열의 유사성 진화적 거리라는 것이 서열 사이에서 혹은 프로틴 내에서 직접적으로 들여다보는 데는 조금 어렵다는 단점이 있어. 그러면 문제는 이런 식으로 분석을 했다 치고, 분석을 해서 결과를 얻었어. 계통수를 했을 때 어떤 식의 진화적인 단계를 밟아갈 것이라는 모델이 있는데 간혹 그 모델을 위배하는 사건이 대표적으로 그게 유전 물질의 전이, 이게 무슨 말이냐면 여기 보면 protozoan라고 하는 eukaryote계 protozoan하고 박테리아계 protozoan 있습니다. 알고 있듯이 protozoan하고 박테리아는 하고는 완전히 진화적으로 다른 놈이야. 근데 갑자기 어떤 놈이 딱 들어갔네. 뭔가 이상해 진화적인 말이 안 맞는 거지. 그럼 얘는 진화적으로 박테리아 1, 2, 3랑 가까운 거? 아니야. 이게 뭐냐면 알고 있는 것 중에 내성 박테리아라고 들어봤지 항생제에 대해서 내성이 생기면 자기 종만 가지고 있는 게 아니라 다른 종으로 넘겨줘. 얘가 갑자기 끼는 이유는 종간의 유전 물질 전이라고 하는 현상 때문에 예를 들어서 기본적인 진화 모델을 깨버리는 거야. 그러다 보면 이런 서열 정리가 나와. 그래서 이러한 한계점이 있다는 걸 알고 있어야 된다는 거야. 그러니까 서열이 가깝다고 해서 무조건 가깝다는 건 아니야.

그래서 해석하는데 몇 가지 중요한 것들이 있는데, 가장 기본적인 건 서열이 정확하고 (서열이 틀렸다는 전제 조건은 해석 못함), 그다음에 특정 자료에 의해서 서로간의 homologous이며 각 위치들은 각각 homologous 맞으면서, 계통학적인 역사도 우리가 알고 있는 역사에 맞춰져 있고, 표본 추출하는 데이터도 충분하고, 예를 들어서 인간과 침팬지의 유사성을 따지기 위해서 인간 전체를 다 하지는 못하니까 일부를 어느 정도 했지만 침팬지랑 유사하다는 결론이 비슷하게 나온다는거지.

그러지만 예를 들어서 인간 1명이랑 침팬지 한 마리하고 비교했다. 그러면 전체를 대표할 수는 없는 거니까. 그 얘기가 통계적인 얘기를 하고 있는 거야. 그래서 변이가 크다면 집단도 커지게 된다는 거야. 그러니까 변이가 많이 되면 추출하는 표본 사이즈도 커져야지. 그다음에 변이성은 계통발생학적인 신호가 있다는 거지. 결국은 변화가 생겼다는 거는 서열에서 뭔가 변했다는 거고, 그거의 의미가 있다. 라는 거지. 우리는 이걸 통해서 homologous, homologous에 있는 오솔로그, 파라로그, 제롤로그 이것들을 알아내는 건데 아까 말한 것처럼 사람의 다리하고 캥거루 다리, 사람의 다리와 팔이 파라로그 제롤로그는 어떤 유전 전이에서 나오는 것. 이것들을 정확하게 구분하는 게 중요해 유사하더라도. 그런데 이걸 구별을 못하면 해석이 잘 못 될 수 있다는 거지. 그래서 항상 계통 분석을 하나만 해서는 안 돼. 여러 방식을 통해서 여러 소프트웨어를 해보거나 또는 계통 분석이 뭔가의 방향을 결정하는 데 쓰이는 것 보다는 어떤 실험적 데이터라든지 데이터들을 서포팅 하는 목적으로 많이 쓰여 예를 들어서 사람이 사람을 죽였다 라고 하면, 살인 사건 현상에 a의 지문이 있다. 그러면 a가 범인이가 라고 할 수 있어 없어? 개연성은

제5장. 단백질 정보 활용에 대해

있지 그거는 결국은 뭔가 직접적인 결과가 나오려면 그 사람이 살인하는 현장을 본 목격자가 있다든 지 cctv 가 있다든지 이런 여러 가지 직접적인 증거를 서포팅 할 수 있지만 그게 메인이 될 수 없다는 거야. 그런 것처럼 이런 식의 계통 분석이 여러 가지 결과를 서포팅 할 수 있지만 이게 주인이 돼서 모든 방향을 끌고 갈 수 없어. 잘못하면 해석을 완전히 이상하게 할 수도 있거든.

지금부터는 계통 분석을 어떻게 할 것인가의 문제인데 단계는 3가지 단계 보통은 4가지 단계라고 얘기를 합니다. 첫 번째는 multiple sequence alignment를 합니다. 서열정리가 되어야 되고 이걸 가지고 치환 모델을 결정을 해야 됩니다. 그래서 그걸 이용한 거리를 잰다든지 여러 가지 분석을 통해서 tree를 만드는 작업을 합니다. 그리고나서 tree를 평가합니다. 보통 치환 모델에 대한 중요한 얘기가 나오는데 결국은 multiple sequence alignment 해서 치환 모델을 결정하고 그걸 가지고 여러 가지 해서 트리를 만들고 트리를 평가하고 이렇게 4단계로 진행이 되나는 거야. 첫 번째 multiple sequence alignment가 엄청 중요하다. 왜냐 alignment가 나쁘면 결국은 해석은 이상하게 된다. 그래서 경우에 따라서는 gap을 없애는 방법. 어떤 특정한 부분을 의도적으로 짤라내는 방법을 써서 중요한 부분만 alignment하는 기술들을 쓰는 경우가 있다. 그래서 이거를 보면 실제로 어떤 경우는 거리를 다 재서 가까운 놈들끼리 정체성이 비슷한 것들을 잡아서 요런 정열 된 거를 가이드 트리를 먼저 만들어. 이러한 트리를 dendrogram이라고 그래. 아주 전통적인 거리로만 서열상으로만 유사성을 따진 전형적인 것이 아닌 그냥 표야 근데 이게 진화적인 관계는 아니야. 이걸 가지고 다시 정열을 하는 작업을 합니다. 이런 식으로 a,b 정열하고 c 정열하고 하고 난 뒤에 경우에 따라서 structural alignment라고 하는 구조적인 얼라이먼트를 하는 방법도 있어. 이거는 컴퓨터가 좋은 기능들을 하게 되면 그래서 이제 structural alignment를 할 때는 특정하게 helices, sheets 부분 혹은 active site 부분 아니면 functional한 다른 부분들 혹은 Disulfide 결합 부분들이 structural alignment 하는데 쓰이고 그걸 가지고 다양한 우리가 이런 정보들을 어디서 얻느냐 pDB라든지 structural DB 이런 여라 가지 연구한 결과들을 가지고 연결을 해서 structural alignment 하는 경우도 있어. 그거는 구조를 알 때 모를 때는 이것까지 못 가고, 그 다음에 두 번째 단계가 치환 모델을 결정하는 것이다. 이것이 왜 중요하냐 보통 DNA는 많이 변화를 해 그렇치만 protein이 똑같이 변하지는 않지. 왜냐 코돈이 중복되어 있으니까. 그러다 보니 실제로는 protein이 똑같은 경우도 있단 말이야. 실질적은 action을 하는 게 protein이니까 protein이 더 의미가 있어. 그래서 실제로 이런 alignment 해서 이런 걸 하게 될 때 결국은 서열이라고 하는 것 자체가 protein 서열이 더 중요하다는 것을 얘기하는 것이다. 결국은 거기서 어떻게 보면 짤라서 어떻게 할 때 도메인 어떤 부분들 그게 프로틴에서 얘기가 되는 거지. 그래서 여기에 보면 서열 정렬을 해서 이거를 alignment 하는 건 똑같고, methods를 진화적 거리로 해서 가는 tree가 있고 그 다음에 캐릭터 문자를 기반으로 해서 하는 건데 이거는 시퀀스 alignment를 바로 tree로 끌고 들어가는 methods 그래서 이거는 parsimony라고 하는 전략하는 건데 이런 방법론이 있는데 이때 이걸 넘어가는 단계에 뭐가 있느냐 바로 mutation에 대한 부분을 고려를 해야 돼. 결국은 중요한 포인트 중에 하나는 어떤 서열이 공통 조상 뭔가 분화돼서 지금은 현재 침팬지가 가지고 있는 거랑 우리가 가지고 있는 거랑 어디까지 인정을 할 것인가 문제고 그게 치환 모델이라 하는 거고, mutation에 있어서 기본적으로 중요한 건 속도 계산인데 일반적으로 10에 -8승 그러면 1억 베이스 페어당 하나 정도 일어나 복제 될 때이다. 근데 현실 적인 단계에서는 천 개당 하나야. 이게 이제 우리 몸에서 복제 될 때 여러 가지 이유들 때문에 그래 외부적인 스트레스 뭐 이런 것들에 의해. 그래서 결국은 이 term 이 시간 term의 속도라고 하는 이 term을 가져다가 거리적 관계를 실제로 계산 할 수 있어. 그래서 진화적으로 예를 들어서 우리하고 원숭이들은 언제 찢어 졌느냐 약 백만 년 이백만 년 전 대충 생각을 하고 있는데 그래서 이게 어떤 이런 것들을 해석을 하는 데 mutation의 type들이 여러 가지 있겠지 뭐 뉴클레오타이드 자체에서의 베이스가 바뀌거나 안에 끼어들어 가거나 indel이라고 해서 아예 통째로 빠져 나가거나 들어가는. 또 하나는 자리를 완전히 바꾸는 거 그다음에 도메인을 shuffling 하는 거 이런 식이 있는데. 특히 이런 것들은 alignment들은 쉽게 파악이 돼 근데 shuffling 하는 건 alignment에서 잘 안 돼. 왜냐면 통으로 넘어갔기 때문에 그래서 아까 챠핑 하는데 중요해. 만약에 한 예를 들어서 보면 human의 라포린 이라는 단백질이 있는데 이거는 소위 핵으로 가는 시퀀스, 단백질 포스퍼테이스 그 다음에 없어. 근데 재밌는 게 이거랑 유사한 단백질이 어디에 있냐면 식물의 엽록소에 있어. 그래서 클로로프라스트 타겟팅에 그다음에 여기가 코스파테이즈 인데 이 타겟팅 시퀀스가 앞에 있는게 아니라 뒤에 있어. 그래서 도메인이 뒤집어 있는. 이런 경우는 정렬해 봐야 안 맞아. 그럼 어떻게 해야 되냐면은 짤라서 해야 되는 거야. 도메인 shuffling은 짜깁기하는 거야. 예를 들어서 a와 b인데 맞춰지는 것처럼 경우에 따라서는 거꾸로 가지고 있는. 왜냐면 똑같은 구조를 가지고 있는 게 아니라는 거야.

그거를 우리가 알고 생각하고 판단을 해야 되는 거야. 그걸 통해서 거리를 알아내는 건데 거리를 알아내는 것에 있어서 어떻게 알아낼까? 가장 중요한 건 잠깐 보면 1번과 2번 서열이 3개가 다른 것처럼 보일 수 있는데 결국은 아니라는 거지. 중요한 건 우리가 이걸 몰라. 공통조상의 DNA 서열이랑 단백질 서열을 모른다는 거야. 그래서 거리 계산이 실제로는 어려워. 그래서 어쨌든 몇 가지 중요한 가정들이

제5장. 단백질 정보 활용에 대해

있다는 거다. 계통 분석은 매우 주관적이다 라는 사실을 알고 있어야 해.

그다음에 어떤 가정이 따라붙어 있다. 어떤 해석을 하는 데 있어서. 그래서 중요한 것은 치환되는 속도 이거를 mutation 속도를 어떻게 잡을 것이냐? 이거를 바로 mutation model 혹은 substitution model이라고 해. 이거는 A, G, T, C 이 네 개가 있다고 보면 이 네 개가 어디까지 갈거냐에 따라서 보는거야. 그래서 크게 보면 두 가지 model이 있어. jukes-cantor이랑 kimura 모델이 있는데 jukes-cantor 모델은 이 네 개가 움직이는 데 속도 차이 없이 똑같다라는 거야.

kimura 모델은 두 가지가 있는 데 C와 T, A와 G 이거는 피리미딘-피리미딘, 퓨린-퓨린이야. 아래의 변화가 피리미딘-피리미딘으로 퓨린-퓨린으로 바뀌는 속도보다 더 빠르다. 더 많다. 라는 건 데 이게 좀 더 합리적이지. kimura 2 모델은 알파랑 베타 이 속도를 다르게 주는 거야. 그래서 이걸 가지고 계산을 하는 거지. 그래서 이거를 가지고 계산을 하는 건 데 거리를 가지고 계산하는 거는 upgma, neighbor joining 그다음에 character methods는 parsimony랑 maximum likelihood 가 있다고 했어. 거리를 가지고 하는 거는 좋은 점은 빨리 할 수 있고 쉽게 핸들링이 되. 단 단점이 있는 데 단점은 거리를 알게 되면 그룹핑을 하게 되면 맨 끝에 있는 것들이 같다라고 보는 거긴 한데 이런 유사성이 진화적인 거라고 같다고 할 수 없다는 거야. 그래서 tree를 만듭니다. 이 때 tree를 만드는 프로그램은 upgma, neighbor joining이라는 거야. upgma이라는 거는 수학적으로 평균을 내서 거리를 따로따로 맞춰서 하나씩 짜깁기 하는 거야. 그게 바로 sequential clustering라는 방법이야. 그러니까 neighbor joining이랑 유사하지만 단지 얘는 평균값으로 계산을 해. 장점은 빨리 할 수 있고 쉽게 핸들링이 됩니다. 단점 branch order가 조금 바뀔 수 있다. 치환이 속도에 따라서 neighbor joining이라는 아까 말 한대로 가까운 얘들끼리 하는 건데 가장 많이 쓰는 방법이빈다. 그래서 on by on으로 load를 맞춰서 하는 거야. 그리고 나서 중요한건 tree를 만들고 나서 서로 간의 진화적 상호관계를 얘기를 하는 거고, 이거를 서포팅 할 때 고생물학적인 데이터들이 따라붙어야 되는 거지. 따라붙어서 레코드가 왔는지 실제로 얼마나 공통조상이랑 맞는지가 있어야 최종적으로 가능하다. 그 다음에 문자 기반으로 하는 것 중에 parsimony이랑 maximum likelihood 이거는 maximum parsimony는 말 그대로 전략 인색 이런 거야. 이거는 가능한 조금이라도 다르면 다 빼는 거야.

그래서 결국은 여러 가지의 가능성이 있는 tree를 만들어서 얼마나 타당하는지 평가하는 방식이 있어. 그러다 보니 이 방법은 tree가 많이 나와. 그래서 이중에 optimal tree를 찾는 거야. 그래서 이거는 다양한 tree 형태가 나올 수 있고, 예를 들어서 서열이 6개만 되도 105개가 나오거든, 이거에 대한 해석을 하는 데

123

마지막에 tree 평가라는 방법을 쓴다고 말 그대로 105개 중에 더 합리적인가를 판단하는 것이다. 방법 중에 bootstrapping 이랑 jacknife가 있어. jacknife는 하나의 서열을 없애고 다시 분석해. 결과가 어떻게 나오는지를 보는 것이다. bootstrapping는 서부 영화에 보면 장화에 동그란거 뭘 다는게 있는 데 여기서부터 출발을 한 건데 이게 뭐냐 하면, 연못에 물고기가 있는데 몇 마리 있는 지 잘 모르잖아. 그중에 한 마리를 잡아서 금붕어에다가 노란 잉어는 다른 걸 달고 그래서 10마리를 잡고 푼 다음 다시 잡았을 때 몇 마리가 되는 가를 파악하는 방법인거지. 지난 시간에 아마 계통분석 얘기하다가 진도가 멈췄는데, 이거 좀 마무리하고 계통분석 전반에 대한 실습까지 진행할 것이다.

계통분석이 이루어지는 과정이 무엇인지 살펴보면, 일차적으로 가장 중요한 것은 multiple sequence alignment(MSA) 먼저하고, 이걸 가지고 일종의 거리를 계산하거나 다른 분석을 통해서 Tree building 작업을 진행하게 됨. 이때 중요한 건 치환 모빌(substitution model)을 결정하게 됨. 이는 계통분석에서 중요한 파트 중 하나야. 어떤 모델을 사용했는지의 측면, 이후 맨 마지막에 tree evaluation(트리 평가)한다.

- construction a multiple sequence alignment
- determining the substitution model
- tree building
- tree evaluation

계통분석에서 가장 중요한 것은 alignment이다. 특히, multiple alignment를 얼마나 잘 하느냐? alignment가 잘 안되어 있으면 계통수라는 것도 잘못될 수밖에 없다. 서열이 필요에 따라서 잘라서 이를 정렬하는 방법을 사용하는 것도 꽤 있다. a 도메인과 b 도메인이 있으면 순서대로 있는 경우와 뒤집어져서 있는 경우도 많다. 이는 alignment 해도 순서가 맞지 않으므로 자리이동을 통해서 (가능한 영역을 잘라서) 자리를 맞추는 경우가 있다. 보통은 alignment 해보고, 결과를 보고 필요에 따라서 특정 부분을 잘라 다시 하는 경우가 있다. 일단은 alignment 하면 가까운 것끼리 거리를 비교한다.

step1- pairwise alignments(거리를 비교한다.)

step2-create guide tree(거리가 가까운 것끼리 해서 가이드 트리를 만들어. 이를 Dendogram이라 한다. 이는 거리상 시퀀스의 유사성이 같다는 것을 만들어 낸 것. 거리적 관계만 보이고 진화적 관계를 보이진 않음. 이는 치환모델까지 들어가야 함.)

제5장. 단백질 정보 활용에 대해

Step3-progressive alignment(다시 alignment를 통해서 필요에 따라 gaps를 넣고 하기도 함.)

서열은 1차원적인 것임. 구조적으로 보면 3차원적으로 작동함. 실제로 거리상은 멀지만 구조상으론 가까운 경우가 있음. 이는 structural alignment통해서 결국 컴퓨터에서 보면 구조적 부분을 보며 (helices, sheets, active sites, functional regions, disulfide bonds) 등 따로 나눠 alignment하면서 의미 있는 것을 할 수 있는 경우도 많다. 이를 통해 진화적 관계를 얻고자 하는 것도 있음. 서열의 중요한 부분만 따로 alignment하는 것을 통해 계통적(진화적) 관계를 들여다본다는 것임. 진화라 하는 것 자체는 본질적으로 보면 돌연변이가 일어나는 것임. 실제로는 지금 가지고 있는 사람, 침팬지 비교는 같은 조상에서 찢어진 것임. 사람과 원숭이를 볼 때도 사람이 원숭이에서 진화했다고 생각하는 것이 잘못된 방식의 생각이다. 원숭이는 우리와 같은 공통조상에서 찢어져서 원숭이도 계속적으로 진화하고 있는 것임. 이런 측면, 진화를 잘못 이해하는 것 중 하나가 원숭이가 커서 사람이 된 것이 아니라, 공통조상에서 찢어진다는 것임. 원숭이, 인간 각각 다르게 진화 중. 하나의 진화의 형태임. 이게 결국 여러 가지의 진화적인 거리를 측정하는 부분에 어려움이 있다는 것임.

계통 분석을 하는 기초적인 크게 두 가지의 방법은 다음과 같다.

1. 두 서열 사이의 거리를 특정해서 비교하는 방법 distance methods

: alignment해서 거리를 측정해서 tree를 만드는 것임.

: multiple alignment → evolutionary distances → tree

: UPGMA&Neighbor joining, 쉽고 빠르게

2. 문자를 기반으로 하는 방법 character based methods(parsimony)

: 문자가 얼마나 유사한가 측정해서 tree를 만드는 것임.

: multiple alignment → tree

: parsimony method(작은 차이만 있어도 밀어내고), maximum likelihood (비슷한 것끼리 묶는 것)

이를 통해서 돌연변이(mutation)에 대한 이해를 해야 한다.

underlying rate of mutation

- 일반적으로는 10의8승 nucleotides, 1억 bq당 1개씩 일반적으로 생긴다. 돌연변이!
- 유전적 다양성이 나타나는 것은 1,000개 당 1개.
- 사람 사이에선 300만 개 정도 차이는 있음.
- 이는 돌연변이가 생기는 주제는 베이스 변화, 빠지거나 들어가는 거. 이는 alignment 하면 쉽게 확인이 됨.
    - base substitutions, insertion & deletion
- transposition(완전히 자리를 바꾸는 것) 이는 multiple alignment로는 확인 불가능.
    - 이건 완전히 잘라내서 확인하는 방법을 사용해야 함.

한계점: 공통 조상을 모른다. → 공통 조상 서열을 모른다.

계통분석은 어쩔 수 없이 주관적인 생각이 따른다. 몇 가지 가정이 따라붙게 된다.

가장 중요한 가정은 치환에 대한 모델임.

- jukes: 돌연변이 확률은 모든 같다.
- kimura 2: C → T or A → G이 A → T, C → G보다 많이 일어난다.
- kimura 2 모델을 더 많이 사용함.

*distance methods: 거리방법을 쓸 때, 거리 자체가 서열의 유사성에서 계산되어지는 거리인데 이게 실제로 유사하는 것이 문제임.

만들어지는 트리가 다양하게 생길 수 있음.

UPGMA: unweighted pair gap method with arithmetic mean

- gap만 있으면 멀리 거리를 두는 방법임. 단순, 빠른 방법
- 진화적 거리에 대한 오해를 불러일으킬 수 있음.

Neighbor joining

- → 가까운 것끼리 먼저 묶는 것임.
- → 진화적 거리에 좀 더 가깝다고 볼 수 있음

tree가 만들어지면 종의 트리와 유전자 트리가 있다.

species tree: a tree that shows evolution of a species.

gene tree : a tree that shows the evolution of a gene.

이 둘이 항상 일치하진 않고, 다를 수도 있음.

고생물학 데이터가 참고가 된다.(공통조상의 데이터)

폐를 가진 물고기 등 이런 데이터들!

maximum parsimony

문자기반이면, minimum 숫자를 만들어서 조금이라도 차이가 나면 거리를 두며 트리를 만드는 방법.

multiple tree

- → 거리 방법은 하나만 나옴 distance methods 트리는 한 개!! optimal tree
- → 문자 방법은 여러 개 나옴 character methods 트리는 여러 개! optimal tree

how many tree?

- → 이 중 가장 최적한 부분을 찾아야 함. 이를 위해선 evaluate를 해야함.
- → 좀 더 의미 있는 것을 찾아야 하는데, 그 방법 중 하나가 통계적방법을 찾는 것이다.
- → 통계적 방법을 찾는 것은 1) bootstrapping, 2) jacknife
    - ⇨ bootstrapping: tree 내의 개개의 가지들의 통계적 중요성을 평가하는 데 자주 사용.

구조적으로 하나를 넣거나 빼서 얻어진 결과를 평가한다. 95% 수준의 정확성을 가지는 것으로 지지된다. bootstrap values(정확도를 지지해 줌)

software -www.expasy.org

- → PHYLIP programs, PAUP, PUZZLE : 계통발생 분석 종합 패키지
- → PROTDIST, DNADIST : distance matrix 계산
- → NEIGHBOR : neighbor-joining method
- → SEQBOOT, CONSENSE : bootstrap 분석 // 프로그램들이다.

PHYLIP program

- → FITCY, KITSCH, NEIGHBOR, 1. PROTPARS, 2. PRODIST, 3. SEQBOOT

PHYLIP 검색.(구글 검색) / bric 들어가면 관련 질문 답변 있음.

홈페이지 들어가서 보면, 다양한 필립 패키지 확인 가능

〈실제 연습〉

phylogeny.fr

이 사이트는 원클릭, 어드벤스, 어드벤스타입 등 여러 프로그램을 제시해주고 있음.

사이트에서 서열을 찾고 집어 넣고 돌리면, 타이플레이션하면 덴드로램이 나온다. 이게 나오면 계통분석하면 된다.

트리가 나오고, 거리가 나오면 그 수로 계산하면 된다.

이런 트리를 통해서 확인을 하면 됨. 유사 gene 서열이 homologene을 찾아야 함. 여러 가지 조건을 넣을 수 있음. 멀티플시퀀스를 무엇으로 하는지, 등등, 조건을 따를 수 있다.

다른 여러 가지 프로그램을 돌아가면서 사용할 수 있음. 심플한 것을 보여줄게. 가장 간단한 방법을 보여줄게. 이것을 하기 위해서는 NCBI를 찾고, 검색창에 Dullard를 치면, homologene가 뜬다. 이게 아까 보여줬던 유사단백질을 찾는거야. 유전자는 왼쪽, 단백질은 오른쪽

제5장. 단백질 정보 활용에 대해

나중에 과제할 때 단백질을 하나씩 꺼내서 해야 돼. 여러 가지 관계를 확인할 수 있고, 관련 논문을 볼 수 있어. 확인하고 fasta를 누르면 서열이 나와. 휴먼 서열 카피하고, 노스타우르스 서열 카피하고, 등등 확인한 서열을 모두 카피하여 한 칸씩 띄어서 붙여넣기 한 후, submit를 누르면 결과가 나온다. 최종적인 결과를 확인할 수 있다. 진화적 거리 수치가 나온다. 다운로드받을 수도 있음 종류별로 다 가능함. 필요하면 약간씩 조건을 조절할 수도 있음. tree style도 변경 가능함.

나중에 과제로 진행하게 될 예정임. 위의 과정을 할 예정. 결과값을 얻어내는 과정이 필요함. 과제형 시험으로 출제할 예정이야.

〈관련 논문〉

hominid -- 이건 TLS에 있는 자료임. hominids는 영장류이다.

우리가 왜 술을 먹을 수 있을까?에 대한 논문임. 알고 보면 술은 여러분들이 이것을 본 적이 있는지 모르겠지만, 세포에다가 에탄올을 넣으면, 세포가 막 쪼그라들고 깨지는 특성이 있다. 실제로 세균 소독제에도 에탄올이 들어가는 것임. 근데 우리가 술을 먹잖아. 이 이유가 무엇일까?에 대한 논문이다. 이는 알코올 서열을 가지고 계통분석을 한 것이다. 휴먼, 원숭이, 침펜지, 오랑우탄 등등 여러 종류를 가지고 비교한 것이 나와 있다.

계통분석을 한 케이스인데, 계통분석을 통해서 지금 있는 여러 가지 영장류의 공통조상은 우리가 모르지, 지금 결과물들을 가지고 유추할 수 있고, 이 과정에서 실험적으로 데이터를 얻으니 어느 정도 증명이 된다. 알코올을 metabolize하는 것을 사람이 하는 것 이전부터 있었을 것이다. 라는 논문인데 참고하면 될 것 같다. 계통분석이 사용되는 예시를 보여주려고 가져온 거야.

에듀컨텐츠·휴피아
Educontents·Huepia

제6장 마치며

지금부터는 마무리하는 내용이다. 우리가 해왔던 내용을 모아서 설명하는 시간이다.

systems biology 분야가 학문적인 분야에서 여러 가지, 초창기에 이 얘기가 나왔을 땐 새로운 분야였는데, 아직은 제한적인 부분이 많다.

우리가 상상을 해보면, 지금 사람이 가지는 단백질이 8만개 정도 된다. 그런데, 철학적 질문인데, 물속에 들어있는 물분자를 제외하고 들어있는 것들이 무엇이 있는가? 먹는 물속에는 인, 철, 미네랄, 이온, NA+, Cl- 등등 많이 있겠지. 근데 여기에 비소, 납은 있을까 없을까? 이게 무슨 이야기랑 연결시키려 하는 것이냐면, 우리가 있다 없다를 얘기하는 것은 실질적인 존재의 문제가 아니라, 검출하는 방법에 따라 달려있다. 따라서, 검출한계가 항상 따라붙는다. 이 속에 금 원자가 1개라도 있다라고 이야기할 수 있을까 없을까? 물 분자는 6.02x10의 23승이다. 여기에 금1개라도 있을까 없을까… 결국은 검출한계가 중요한 문제가 되는 것임. 있다 없다라고 얘기 못함. 1개를 어떻게 판별해. 어느 정도 농도 이상이 되어야 검출이 가능한 것임. 일반화학 수업시간에 여기 사람들 몸 속에 세포 안의 c는 이순신 장군이 가지고 있던 c원자일 수도 있다. 순환된다는 것이야. 검출한계의 문제!

우리가 세포가 있는데, 세포 속 단백질이 몇 개, 얼마만큼 있는가? 세포 자체는 사이즈가 크지 않는다. 현미경으로만 볼 수 있는 것인데, 예를 들어 알코올 디아이네이즈 효소가 간 세포 하나에 몇 개가 있을까? 생각해보라는 것이다. 이를 검출하고자 하는 것이고, 오믹스의 기본 컨셉은 단백질 전체를 들여다본다. 근데 전체가 몇 개인지 모르는 문제가 있음. 팔만 개라는 단백질을 한 번에 검출할 수 있는 방법이 지금은 없어. 이상적인 개념인 것은 사실인데, 기술적 한계로 인해, 세포시스템, 생명시스템을 이해하고 들여다보는 것이 어려운 것이다. systems biology는 1990년대 후반 ~2000년대 초반에는 이 얘기 나오면 가능한 것처럼 이야기했다. 근데 오믹스처럼 기술적인 한계들로 인해 확실히는 어려워. 컴퓨터, 인공지능의 발달이 많이 진행되면서 점차 해결되고 있기는 하다. 요즘 유행하는 게임 등등 있는데, 그 옛날의 게임을 지금 보면 서툰데, 그 이유는 데이터가 부족해서이다. 요즘 게임은 기술, 데이터 등이 많아져서 퀄리티가 좋아진다. 기술이 개발된 것도 있지만, 데이터 포인트들이 많아져서 좋아진 것도 있다.

큰 그림으로 들여다보면, 종착역은 systems biology이다. 생물학에서! 왜? 시스템은 전체를 이해할 수 있는 것이므로! 생명이 만들어진 역사를 인간이 여러 도움을 받고 쫓아가고 있지만 완벽하지 못할 것이다. 지금의 상황이 오믹스가 중요해지는 이유와, 이것들이 빅데이터와 인공지능, 시스템 바이올로지로 가는지에 대한 이유를 생각해볼 필요가 있음. 결국, 대표적으로 분야를 살펴보면 네트워크 분석하는 것이 있다. 네트워크에서 나타나는 수학적 특성을 해석해 내는 것이 시스템 바이올로지의 참 부분이다. 이를 통해 기능이 중요한 것이 무엇인지를 밝히는 것이다.

맨 처음에 얘기한 똑같이 a, b, c, d가 감기 걸려서 약을 먹었는데 죽고, 괜찮고, 머리 빠지고, 똑똑해지고 이렇게 같은 질병임에도 불구하고 치료방법이 같음에도 불구하고 결과가 다르게 나타나는 이유가 무엇인가… 우리가 기존에 가지고 있던 환원주의적인 접근방식에 문제가 있어서 전체주의적 관점에 대해서 바라보자라 한 것임. 각각의 시스템이 다르잖아. 우리가 전에 분석했을 땐 성분들이 모두 똑같다고 생각을 해버린 것임. 다 다른 건데.

어떤 네트워크에 가지고 있는 복잡성을 해석, 찾아내는 것이 시스템 바이올로지다. 이는 하나의 대표적 개념이, 가상세포라는 컨셉으로 연결이 되어서 컴퓨터를 이용한 해석, 결과를 통해서 응용하는 방향으로 진행될 것이다 라는 것임.

〈건강보험심사평가원 데이터 현황 및 활용〉

HIRA라는 통합정보 DB 구축이 가능해짐. 진료가 어떻게 되고, 자원이 얼마나 있고, 약들을 어떤 것을 쓰는지 정보들을 모았음. 의료보험이 거의 40~50년간 데이터가 쌓였다. 처음에는 여기까지 생각을 안했을 것임, 근데 건강보험과 관련된 데이터가 쌓이면서 여러 가지 활용이 가능해진 것임. 이런 데이터를 가지고 에피소드에 따라서 데이터를 정리하고 보관한다. 코드에 따라 분류하는 것임. 데이터가 입력되고 나면 빅데이터 센터가 있다. 우리는 필요에 따라서 연구자들이 자료를 뽑아서 사용할 수 있는 것임. 거기서 이런 결과를 가지고 분석을 하는 것임. 여러가지 데이터를 얻을 수 있는 빅데이터개방시스템이 있다. 이런 식의 연구들을 활용하는데 쓰이고 있다. 활용되는 사례를 보여주는 것임. 뇌졸중 환자 분석, 전자간증 위험인자 분석 등이 있다. 참고로 보면 될 것 같다.

제6장. 마치며

의료, 바이오 쪽 빅데이터는 크게 3종류이다. 병원 레코드, 아이플로우(구글, 삼성 워치), 오믹스 데이터 이렇게 3개이다.

또 하나의 용어로 나오는 것이 '정밀의료'이다. 개념을 그려보면 시스템생물학, 오믹스, 가상세포, 인공지능, 정밀의료 컨셉이 있다. 이것이 개인맞춤형 의학이 있다. 이것이 하나의 현재 바이올로지의 흐름이다.

Computational Biology Tool and Resource에 대한 것이다.

첫 번째는 기본적으로 알아야 하는 BLAST가 있다. 그 다음 BIND는 단백질 상호작용 네트워크 데이터베이스이다. 또한 BioGrid도 단백질의 상호작용에 대한 데이터베이스이다. Biology WorkBench는 샌디에고에 있는 여러가지 미생물과 관련된 사이트이다. ClustalW는 복서열정렬을 할 때 사용하는 프로그램이다. 또한 수업에서 한 T-Coffee가 있다. DALI(Distance mAtrix aLIgnment)는 단백질의 구조적인 서열 정렬을 하고 서열을 비교를 하는데 사용하는 프로그램이다. Swiss-Pdb Viewer는 단백질 구조화를 들여다볼 수 있게 하는 소프트웨어이다. 이것과 비슷한 것은 Pymol이 있다. DIP라고 하는 것은 상호작용 단백질 데이터베이스를 모아 놓은 프로그램이다. BIND, BioGrid와 유사한 사이트이다. Dot Matrix 서열을 Matrix 구조로 만들어서 서열을 분석하거나 정렬하는 프로그램이다. Entrez는 NCBI(National Center for Biotechnology Information)에 데이터베이스를 집어넣는 프로그램이다. NCBI는 수업에서 가장 많이 봤고 사용되는 프로그램이다. GENSCAN은 MIT에 있고, Gene의 구조를 예측하는데 사용하는 프로그램이다. Gibbs Motif Sampler는 단백질이나 DNA에 있어서 모티프나 보존된 형태를 찾아서 알려주는 프로그램이다. 또한 MEME도 보존된 단백질과 DNA를 찾는데 사용한다. MODBASE는 단백질 구조 안에서의 특정한 모델을 찾아주는 데이터베이스이다. PDB Database는 Protein Data Bank로 단백질의 3차 구조를 모아 놓은 데이터베이스이다. PHYLIP(the PHYLogeny Inference Package)은 계통분석하는 프로그램들을 다 모아 놓은 사이트이다.

Python Scripting Langueage는 컴퓨터 언어이면서 프로그램 이름이다. 그 예로 PERL이 있는데 생명정보학과 컴퓨터 생물학에서 많이 사용된다. Python Scripting Langueage은 일상적으로 쓰는 언어와 비슷하다. 인공지능을 사용한 프로그램이 많아졌기 때문에 research를 하고 활용하기 위해서 컴퓨터 언어를 공부해야 할 필요가 있다. Peal은 말그대로 컴퓨터 프로그램 언어이다. 이것과 관련된 Tool과 Resource들 중에는 Scansite이 있다. Scansite mit에 있고, domain은 구조를 찾는데 사용된다. 특히 단백질의 특정한 모티프를 찾는데 사용된다. RasMol은 단백질 같은 3차 구조를 프로그램으로 보여주는 프로그램이다.

SCOP 단백질의 구조적 단계를 여러 가지로 나누어서 설명해주는 Data Base이다. TMHMM는 단백질이 transemembrane을 관통하는 영역이 어디인지를 예측하는 프로그램이다.

MATLAB는 말 그대로 프로그램을 짜는 언어이기도 하면서 프로그램이다. MATLAB과 관련된 여러 가지 프로그램이 있다. 프로그램을 짜면 단백질의 구조를 그릴 수 있다. 이와 관련된 여러 가지 프로그램에는 분석, 가시화, 생물학적 데이터를 시뮬레이션하는 것들을 모아 놓은 것이다. 어딘가에서 데이터를 가져오는 Database Tool Box이다. 분석하는 데는 Sequence analysis, Microarray analysis, Mass spectrometry analysis, Cellular and molecular imagine하는 Toolbox들이 있다. 모델링으로 가게 되면 SimBiology, Simulink가 있고, 약동력을 연구하는데 사용되는 ADME 것들이 있다. Bioinformatics Toolbox는 DNA 서열을 땡겨서 Biology에서 시뮬레이션을 하는 프로그램이다. Database Toolbox 3.5.1은 여러 가지 데이터들이 호환되도록 하는 것이다.

그 외에 몇 가지 다른 프로그램에는 Molecular Biology Softwares Oligo7 등이 있다. 예를 들어, PCR에 사용되는 primer을 Dsigne하는데 사용한다. Macvector는 Sequence alignment부터 시작해서 Phtlogentic terdd construction을 하고, primer를 디자인하는 모든 것들을 포함하고 있다. Oligo7 같은 경우에도 DNA를 가지고 여러 가지 정보를 뽑는 프로그램으로 알려져 있다. Spreadsheet Program은 흔히 알고 있는 Excel, GraphPad Prism, Sigmaplot이 있다. 엑셀은 기본적으로 하는게 중요하다. 하지만 엑셀은 한계가 있어서 GraphPad Prism, Sigmaplot들이 더 좋은 데이터를 보여줄 수 있다. Graphics Editing Program을 통해 데이터를 편집하는 것이 중요하다. 포토샵 일러스트 등을 공부할 필요가 있다. 소프트웨어의 마지막은 EndNote, Reference Mangement Software가 있다. 이 프로그램들은 참고문헌을 magement하는데 사용하는 프로그램이다. 논문을 쓰게 되는 일이 있으면 사용하는 게 좋다.

여기까지가 소프트웨어에 관한 이야기였다. 마지막은 시스템생물학과 관련된 키워드 중 가장 중요한 것은 네트워크란 무엇인가를 알아야 한다. 여러 가지 종류가 있는데 그중에 생체네트워크다. 생체네트워크에는 몇 가지 특징이 있다. 생체네트워크는 크게 보면 신호전달네트워크, 대사네트워크, 단백질 상호작용 네트워크, 유전자조절네트워크 등이 있다. 이것을 통해 네트워크가 있다고 하면 링크의 개수를 파악하는 것이다. 가장 쉬운 예시로 이 수업에 61명이 있는데, xxx이 수업 참여자들 중에 친한 사람이 없으면 링크 수는 0이고, ooo이 수업에서 친한 사람이 3명이 있으면, 링크의 개수는 3개인 것이다. 이것을 다 조사하면 분포가 나온다. 네트워크의 불균질성은 네트워크가 균일한 것이 아니라 정보가 어디 한

제6장. 마치며

곳으로 집중되어 있고, 전혀 관계가 없고 분포되어 있는 정도를 나타낸 것이다. 노트간의 접근도는 얼마나 가까운 거리를 가지고 있는지, 군집계수는 링크의 개수를 classification을 통해서 함수화해 통계로 나타내는 것이다. 통상적으로 생체네트워크는 역함수의 관계를 갖지고 있다. 또한 생체네트워크는 방향성을 가지고 있는데, 방향성이란 인간관계를 파악해 보면 한곳으로 모이는 특징이다. 네트워크의 구조적 특징을 분석해서 특징에 따라 다른 처리 방법을 파악할 수 있다.

무작위 네트워크라는 말은 수집한 데이터들이 정규분포로 나타낼 수 있지만 사실은 무작위하게 있다는 말이다. 작은 세상 특성이라는 말은 예를 들어 대통령과 나의 네트워크를 연결하려고 하면 4단계~5단계를 통해서 멀지 않은 네트워크로 연결될 수 있다는 말이다. 인간 세상의 생체 네트워크는 우리가 생각한 것보다 작다. 무척도 네트워크는 간단하게 설명해서 실제 생체네트워크의 특징 중 하나가 무척도 네트워크가 등간격으로 있는 것이 아니다. 하지만 무척도가 은근히 강건성이 있다는 것이다. 그것이 의외로 중요한 측면에서 의미가 있다. 소외 허브구조식 구조를 가지는데, 허브구조가 강해지면서 깨지지 않지만, 허브구조가 한번 무너지면 취약성을 가진다.

생물학 데이터베이스에는 NCBL, Entrez Gene, OMIM, GEO 등이 있다. 이것들은 생물학적 데이터베이스이고 이것들을 네트워크 데이터베이스한 것이 KEGG, Reactome, BIND 등이 있다. 그다음 온토롤지 데이터베이스라고 하는 것은 기능적인 측면과 연관된 데이터베이스이다. GO, DAVID 등이 있다.

시스템의 다른 개념으로 가면 시스템 의학으로 간다. 시스템 의학은 인간의 상호작용체와 관련이 있다. 시스템 의학에서는 질병 네트워크와 관심이 있다. 예를 들어, 코로나바이러스를 시스템의 관점에서 보면서 어떻게 치료할 것인지를 연구하는 것이다. 이런 인간의 질병을 일으키는 유전체, 생명체를 모아서 전체의 관계를 들여다 보는 것이다. 시스템 의학은 신약의 개발과정에 사용될 수 있는데, 네트워크의 특징들, 경로들, 상호작용과의 관계들을 보면서 효과적인 신약을 개발하기 위해서 사용되고 있다. 실제로는 독성, 신약의 기능을 재창출하는데 사용할 수 있다. 그 예로 발기부전 치료제인 비아그라가 알츠하이머 치료제로서 기능이 있다는 것을 알아냈다. 또한 예방의학적으로 시스템 의학의 네트워크가 사용되고 있다. 이것이 시스템 의학의 개념이다.

시스템 의학은 맞춤 의학에 사용될 수 있는데, 감기가 걸려도 사람마다 치료하는 방법이 다르다는 점과 최근에 암 같은 곳에서 항암제의 내성을 파악하는데 사용될 수 있다.

코로나바이러스를 봉쇄하는 것만이 방법은 아니다. 돌연변이는 계속해서 생겨난다. 소아마비의 경우에도 우리가 멸종했다고 생각하지만 끊임없이 돌연변이가 생기고 있지만, 어딘가에 조금이라도 남아있기 때문이다. 그런 관점에서 병원체들에 대한 고민을 해봐야 한다. 진화적인 관점에서 보면 박테리아나 미생물이 인간보다 더 똑똑할 수 있다. 네트워크의 관점에서 다세포 생물이 가지는 장점도 있지만 단점도 있다. 결국에 시스템생물학이라는 개념이 관심을 받고 있는 이유는 새로운 학문적 관점이라는 것이 있지만, 사실은 기존에 있었던 학문이지만 무시 받고 있었던 학문이다. 그 예시로 동양의학에 기라는 개념이 황당한 개념이라고 생각되었지만 사실은 시스템생물학이 바라보는 관점과 비슷한 측면이 있다. 이와 같이 새로운 학문적 경향에 대한 이해를 지속적으로 기울일 필요가 있다고 본다.

에듀컨텐츠·휴피아
Educontents·Huepia

시스템생물학 기초

2023년 6월 20일 초판 1쇄 인쇄
2023년 6월 30일 초판 1쇄 발행

저　자	김 영 준 ・ 著
발 행 처	도서출판 에듀컨텐츠휴피아
발 행 인	李 相 烈
등록번호	제2017-000042호 (2002년 1월 9일 신고등록)
주　소	서울 광진구 자양로 28길 98, 동양빌딩
전　화	(02) 443-6366
팩　스	(02) 443-6376
e-mail	iknowledge@naver.com
web	http://cafe.naver.com/eduhuepia
만든사람들	기획・김수아 / 책임편집・이진훈 김예빈 최은진 하지수 디자인・유충현 / 영업・이순우
I S B N	978-89-6356-410-4 (93470)
정　가	15,000원

ⓒ 2023, 김영준, 도서출판 에듀컨텐츠휴피아

> 이 책은 저작권법에 따라 보호받는 저작물이므로 무단전재와 무단복제를 금지하며, 책 내용의 전부 또는 일부를 이용하려면 반드시 저작권자 및 도서출판 에듀컨텐츠휴피아의 서면 동의를 받아야 합니다.

"이 저서는 2021년도 건국대학교 교내연구비 지원에 의한 저서임"